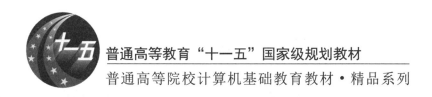

普通高等教育"十一五"国家级规划教材

普通高等院校计算机基础教育教材·精品系列

U0183995

C 语言程序设计

（第五版）

恰汗·合孜尔◎主　编

安海兵　　何晓冰　　张继山◎副主编

中国铁道出版社有限公司

CHINA RAILWAY PUBLISHING HOUSE CO., LTD.

内容简介

本书根据普通高等学校"C 语言程序设计"课程要求，本着"固化原有特色，优化完善成果"的原则编写而成。全书共 10 章，主要包含语法基础、顺序结构、选择结构、循环结构、数组、函数与编译预处理命令、指针、构造数据类型、文件以及位运算等内容。

本书结构清晰，由浅入深，精选例题，结合实际，行文流畅，图文并茂。书中的例题和程序都有详细的讲解和注释，部分程序附有流程图或 N-S 图。与本书配套的辅助教材《C 语言程序设计习题集与上机指导》（第五版）同步出版。为适应并普及信息化教学的新常态，本书配套的线上线下混合模式教学资源建设在智慧树平台上，对接国家高等教育智慧教育平台。此外，本书还提供了主教材和辅助教材中所有程序的源代码等教学资源。

本书适合作为高等院校"C 语言程序设计"课程的教材及参考书，也可作为全国计算机等级考试指导书。

图书在版编目（CIP）数据

C 语言程序设计 / 恰汗·合孜尔主编 . —5 版 . —北京：
中国铁道出版社有限公司，2023.8
普通高等教育"十一五"国家级规划教材
普通高等院校计算机基础教育教材·精品系列
ISBN 978-7-113-30346-4

Ⅰ. ① C… Ⅱ. ①恰… Ⅲ. ① C 语言 - 程序设计 - 高等
学校 - 教材 Ⅳ. ① TP312.8

中国国家版本馆 CIP 数据核字（2023）第 119382 号

书　　名：C 语言程序设计	
作　　者：恰汗·合孜尔	

策　　划：刘丽丽	编辑部电话：（010）51873202
责任编辑：刘丽丽　王占清	
封面设计：刘　颖	
责任校对：刘　畅	
责任印制：樊启鹏	

出版发行：中国铁道出版社有限公司（100054，北京市西城区右安门西街 8 号）
网　　址：http://www.tdpress.com/51eds/
印　　刷：北京联兴盛业印刷股份有限公司
版　　次：2005 年 8 月第 1 版　2023 年 8 月第 5 版　2023 年 8 月第 1 次印刷
开　　本：787 mm×1 092 mm　1/16　印张：14.75　字数：367 千
书　　号：ISBN 978-7-113-30346-4
定　　价：49.00 元

前　言

　　C 语言功能丰富，编程灵活方便，目标代码执行效率高，程序结构性强，可移植性好。C 语言既可以用于编写应用程序，也可以用于编写系统软件。一直以来，C 语言程序设计在高校得到重视和普及，被列为理工科专业学生的必修基础课，也是全国计算机等级考试的主要科目。

　　本书的第一版于 2005 年 8 月由中国铁道出版社出版发行，第二版于 2008 年 12 月出版发行，第三版于 2010 年 3 月出版发行并被评为普通高等教育"十一五"国家级规划教材，2014 年 9 月出版发行了第四版，累计印刷 19 次。

　　本书的第四版主要有以下四个方面的特色：

　　（1）结构清晰，由浅入深，精选例题，结合实际，行文流畅，图文并茂。

　　（2）重视学生全面掌握 C 语言程序设计的基础知识、基本概念、基本思想、编程方法，培养学生养成良好的程序书写风格，为后续计算机课程的学习奠定基础和逻辑思维能力。

　　（3）部分程序附有流程图或 N-S 图，这样既便于老师讲授，也有助于学生理解较抽象的知识点和理清逻辑关系。

　　（4）每章都有引言、小结和精选习题，以便于学生抓住要领和进一步巩固知识点。

　　此次改版基于使用本书多年教学积累的实践经验，本着"固化原有特色，优化完善成果"的编写原则，对第四版重点做了以下五个方面改进：

　　（1）进一步精练语言，力求概念严谨准确，讲解细致透彻。

　　（2）更新了部分例题，剔除了难度较高以及对数学知识要求较高的例题，取而代之选择了一些易理解而又典型的例题；充实了结合实践的例题，将知识点与例题结合起来。

　　（3）为了方便教师教学和读者学习，提供了丰富的教学资源：一是 C 语言程序设计是一门实践性很强的课程，上机实验是一个十分重要的环节，为此，重视实践教学，同步出版发行了配套辅助教材《C 语言程序设计习题集与上机指导》（第五版），旨在将理论教学与实践教学有机结合，互为补充、形成整体；二是为了适应并普及信息化教学的新常态，在智慧树平台建成了与本书配套的慕课，慕课资料包括：教学视频、弹题、章测试题、讨论题、期末试卷和补考试卷，所有这些题与本书和配套辅助教材中的例题和习题不重复；另外，将慕课视频通过二维码嵌入到了本书中；三是提供与本书配套的教学课件；四是本书和配套辅助教材中的所有程序均在 Microsoft Visual C++ 2010 学习版环境下调试通过，其源代码可到中国铁道出版社有限公司教育资源数字化平台 http://www.tdpress.com/51eds 下载专区下载。源代码既便于教师教学时演示，也便于读者对程序的分析和理解。

（4）重视将思政教育元素融入本书内容建设中。提供了融入思政元素的教学大纲，同时为落实党的二十大精神"三进"工作，编者结合"C语言程序设计"课程的特点，将二十大精神有效转化，使其自然而准确地融入本书知识点讲解中。

（5）增加实验项目数量的同时，进一步优化调整了实验项目的内容、形式和难易度。配合本书各章节的内容，在配套辅助教材中安排了共计69个实验项目，各高校可根据教学课时数来确定教学内容以及相应的实验内容。

本书内容共分为 10 章。第 1 章概要论述 C 语言以及在 Microsoft Visual C++ 2010 学习版环境下如何运行 C 语言程序。第 2 章论述 C 语言的语法基础以及顺序结构程序设计的基本方法。第 3 章论述选择结构程序设计的基本语句以及使用选择结构编写程序。第 4 章论述循环结构程序设计的基本语句以及使用循环结构编写程序。第 5 章论述数组的概念以及使用数组编写程序。第 6 章论述函数的概念、变量的作用域和存储类别以及编译预处理命令。第 7 章论述指针及使用指针编写程序。第 8 章论述结构体、共用体、枚举类型、链表及其应用。第 9 章论述 C 文件的基础知识以及最基本的文件操作。第 10 章论述各种位运算及其运算规则。附录中给出了 ASCII 代码表、C 语言常用数学库函数。

本书由恰汗·合孜尔任主编，安海兵、何晓冰、张继山任副主编。本书适合作为高等学校各专业"C语言程序设计"课程的教材及参考书，也可作为全国计算机等级考试指导书。

在编写本书的过程中，编者参阅了中外许多 C 语言程序设计教材和有关文献，现谨向这些教材和文献的作者表示衷心的感谢。

由于编者水平有限，书中难免存在疏漏与不妥之处，恳请同行和广大读者批评指正。

编　者

2023 年 5 月

目　录

第1章　C 语言概述..1

1.1　C 语言简介...1

1.2　C 语言程序的基本结构和书写风格...2

　　1.2.1　C 语言程序的基本结构...2

　　1.2.2　C 语言程序的书写风格...4

1.3　算法及算法的描述...5

1.4　C 语言程序的调试和运行步骤...7

1.5　在 Visual C++ 2010 中运行 C 语言程序过程...8

小结...11

习题...12

第2章　C 语言基础及顺序结构程序设计...13

2.1　C 语言的字符集...13

2.2　C 语言的关键字、标识符和保留标识符...13

　　2.2.1　关键字...13

　　2.2.2　标识符...14

　　2.2.3　保留标识符...14

2.3　C 语言的数据类型...14

2.4　常量...15

　　2.4.1　整型常量...15

　　2.4.2　实型常量...15

　　2.4.3　字符常量...16

　　2.4.4　字符串常量...17

　　2.4.5　符号常量...17

2.5　变量...18

　　2.5.1　变量的概念...18

　　2.5.2　变量的定义与初始化...18

　　2.5.3　整型变量...19

　　2.5.4　实型变量...19

　　2.5.5　字符变量...20

2.6　C 语言的运算符和表达式 21
　2.6.1　运算符 21
　2.6.2　表达式 21
　2.6.3　运算符的优先级和结合性 22
2.7　C 语言中最基本的运算符和表达式 23
　2.7.1　算术运算符和算术表达式 23
　2.7.2　赋值运算符和赋值表达式 24
　2.7.3　关系运算符和关系表达式 25
　2.7.4　逻辑运算符和逻辑表达式 26
　2.7.5　条件运算符和条件表达式 28
　2.7.6　逗号运算符和逗号表达式 28
　2.7.7　强制类型转换运算符 29
2.8　C 语言的基本语句 30
2.9　数据的输入与输出 31
　2.9.1　字符输入 / 输出函数 31
　2.9.2　格式输出函数 32
　2.9.3　格式输入函数 35
2.10　顺序结构程序设计 36
2.11　程序举例 38
小结 41
习题 41

第 3 章　选择结构程序设计 44
3.1　if 语句 44
　3.1.1　if 语句的三种形式 44
　3.1.2　if 语句的嵌套 50
3.2　switch 语句 53
3.3　程序举例 55
小结 59
习题 60

第 4 章　循环结构程序设计 63
4.1　循环的概念 63
4.2　while 语句 63
4.3　do...while 语句 67
4.4　for 语句 69

4.5　break 语句和 continue 语句 72

4.5.1　break 语句 72

4.5.2　continue 语句 74

4.6　循环的嵌套 75

4.7　程序举例 78

小结 82

习题 82

第 5 章　数组 86

5.1　数组及数组元素的概念 86

5.2　一维数组 86

5.2.1　一维数组的定义 86

5.2.2　一维数组元素的引用 87

5.2.3　一维数组的初始化 88

5.2.4　一维数组程序举例 88

5.3　二维数组 95

5.3.1　二维数组的定义 95

5.3.2　二维数组元素的引用 95

5.3.3　二维数组的初始化 95

5.3.4　二维数组程序举例 96

5.4　字符数组 99

5.4.1　字符数组的定义和初始化 99

5.4.2　字符数组的输入 / 输出 101

5.4.3　常用的字符串处理函数 103

5.4.4　字符数组程序举例 106

5.5　程序举例 109

小结 110

习题 110

第 6 章　函数与编译预处理命令 113

6.1　函数概述 113

6.1.1　模块化程序设计方法 113

6.1.2　函数的分类 113

6.1.3　函数的定义 113

6.2　函数的调用与形参和实参 114

    6.2.1   函数的调用方式 114

    6.2.2   函数的原型声明 116

6.3   函数的参数传递方式与函数的返回值 116

    6.3.1   函数的参数传递方式 116

    6.3.2   函数的返回值 121

6.4   函数的嵌套调用与递归调用 122

    6.4.1   函数的嵌套调用 122

    6.4.2   函数的递归调用 123

6.5   变量的作用域与存储类别 125

    6.5.1   局部变量和全局变量 125

    6.5.2   变量的动态和静态存储方式 128

    6.5.3   局部变量的存储类别 128

    6.5.4   全局变量的存储类别 130

6.6   内部函数和外部函数 132

    6.6.1   内部函数 132

    6.6.2   外部函数 132

6.7   编译预处理命令 132

    6.7.1   宏定义 133

    6.7.2   文件包含 136

    6.7.3   条件编译 137

6.8   程序举例 139

小结 142

习题 143

第 7 章   指针 147

7.1   指针变量概述 147

    7.1.1   指针变量与指针变量的定义 147

    7.1.2   指针的运算符 149

    7.1.3   指针变量的初始化 149

    7.1.4   指针变量的运算 152

7.2   指针与数组 152

    7.2.1   指针与一维数组 152

    7.2.2   指针与二维数组 154

7.3   指针与字符串 157

7.4   指针数组 159

7.5 指向指针的指针变量 ··· 160

7.6 指针与函数 ·· 161

   7.6.1 指针变量作为函数参数 ·· 161

   7.6.2 函数指针变量 ··· 165

   7.6.3 指针函数 ··· 166

7.7 main() 函数的返回值和参数 ·· 167

   7.7.1 main() 函数的返回值 ·· 167

   7.7.2 main() 函数的参数 ·· 167

7.8 程序举例 ··· 168

小结 ··· 171

习题 ··· 172

第 8 章 结构体和共用体 ··· 175

8.1 结构体 ··· 175

   8.1.1 结构体类型的定义 ·· 175

   8.1.2 结构体变量的定义 ·· 176

   8.1.3 结构体变量的引用 ·· 177

   8.1.4 结构体变量的赋值 ·· 177

   8.1.5 结构体变量的初始化 ··· 178

   8.1.6 结构体数组 ··· 178

   8.1.7 指向结构体变量的指针 ·· 181

8.2 动态存储分配与链表 ·· 182

   8.2.1 链表的概念 ··· 183

   8.2.2 动态存储分配 ··· 184

   8.2.3 创建动态链表和输出链表 ·· 185

   8.2.4 链表的基本操作 ·· 185

8.3 共用体类型 ·· 190

   8.3.1 共用体类型的定义 ·· 190

   8.3.2 共用体变量的定义 ·· 190

   8.3.3 共用体变量成员的引用 ·· 191

8.4 枚举类型 ··· 192

   8.4.1 枚举类型的定义 ·· 192

   8.4.2 枚举变量的定义 ·· 193

   8.4.3 枚举变量的赋值和使用 ·· 193

8.5 用 typedef 定义类型 ··· 194

8.6　程序举例 195

小结 197

习题 198

第 9 章　文件 201

9.1　文件的基本概念 201

9.1.1　文件的分类 201

9.1.2　文件指针 202

9.2　文件的打开与关闭 202

9.2.1　文件的打开函数 202

9.2.2　文件的关闭函数 203

9.3　文件的读 / 写 204

9.3.1　文件的写函数 204

9.3.2　文件的读函数 206

9.4　文件的随机读 / 写 208

9.5　文件检测函数 210

9.6　程序举例 211

小结 212

习题 212

第 10 章　位运算 215

10.1　位运算符和位运算 215

10.1.1　位运算符 215

10.1.2　位运算符的运算作用 215

10.2　位段结构 219

10.2.1　位段的概念 219

10.2.2　位段结构的定义和使用 219

10.3　程序举例 220

小结 221

习题 221

附录 A　部分字符的 ASCII 码对照表 223

附录 B　C 语言常用数学库函数 224

参考文献 225

第1章

C 语言概述

  C 语言是一种国内外广泛流行的、已经得到普遍应用的程序设计语言，它既可以用来编写系统软件，又可以用来编写应用软件。本章主要讲述 C 语言的发展过程，C 语言程序的特点、结构、运行过程和算法描述以及程序设计的基本概念。

▌1.1 C 语言简介

1. 程序设计语言的发展历程

  程序设计语言是计算机能够理解和识别的一种语言体系，它按照特定的一系列语法规则组织计算机指令，使计算机能够自动进行各种操作处理。按照程序设计语言的一系列语法规则组织起来的一组计算机指令被称为计算机程序。

视频
C语言简介

  程序设计语言的种类繁多，一般的发展可以由低到高划分为四类：机器语言、汇编语言、高级语言和面向对象的语言。

  （1）机器语言

  机器语言是用二进制代码表示的，能被计算机直接识别和执行的语言。用机器语言编写的程序执行效率虽然比较高，但是，机器语言不易记忆，通用性差。例如，"1011000 00001111"表示把15送入寄存器AL中。

  （2）汇编语言

  汇编语言用助记符取代了机器指令代码，而且助记符与机器指令代码一一对应。与机器语言相比，汇编语言比较直观、易记忆，但移植性不好。例如，"MOV AL,15"表示把15送入寄存器AL中。汇编语言和机器语言都是面向机器的程序设计语言，一般称为低级语言。

  （3）高级语言

  高级语言使用接近人类自然语言的语句代码来编写计算机程序。例如，将15送入寄存器AL中，用C语言的语句可以写为"AL=15;"。

  由于高级语言与具体的计算机指令系统无关，所以用高级语言编写的程序能在不同类型的计算机上运行，通用性好。

  （4）面向对象的语言

  随着计算机技术的发展产生了面向对象的语言，其特点是编写程序时只要考虑如何认识问题中的对象和描述对象，而不必具体说明对象中的数据操作。例如，Visual C++、Java语言等就是典型代表。

2．C语言的发展历程

C语言的起源可以追溯到ALGOL 60。1963年英国的剑桥大学在ALGOL 60的基础上推出了CPL语言，但是CPL语言难以实现。1967年英国剑桥大学的Matin Richards对CPL语言作了简化和改进，推出了BCPL语言。1970年美国贝尔实验室的Ken Thompson以BCPL语言为基础，设计出了简单且接近硬件的B语言，并且用B语言编写了第一个UNIX操作系统。1972年由美国的Dennis M.Ritchin在B语言的基础上设计出了C语言。

后来，C语言多次进行改进，但主要还是在贝尔实验室内部使用。1977年D.M.Ritchie发表了不依赖于具体机器的C语言编译文本《可移植C语言编译程序》，大大简化了将C语言移植到其他机器上所需要的工作，这也推动了UNIX操作系统迅速地在各种机器上实现。随着UNIX操作系统的日益广泛使用，C语言也迅速得到推广。1978年以后，C语言先后移植到大、中、小、微型计算机上，迅速成为世界上应用最广泛的程序设计语言。

随着C语言的广泛应用，先后出现了许多C语言版本。由于没有统一的标准，使得这些C语言之间出现了差异。为了改变这种情况，美国国家标准化协会（American National Standards Institute,ANSI）为C语言制定了一套ANSI标准，成为现行的C语言标准。

3．C语言的主要特点

C语言具有强大的功能，归纳起来主要有以下特点：

（1）C语言简洁，结构紧凑，使用方便、灵活

C语言一共有32个关键字和9种控制语句，且源程序书写格式自由。

（2）C语言功能丰富

C语言的运算类型极其丰富，表达式类型多样化，数据结构扩展能力强。

（3）C语言是结构化语言

C语言是一种结构化程序设计语言，结构化语言程序清晰、更易于程序设计和维护。

（4）C语言允许直接访问硬件

C语言能够直接对硬件进行操作，具有接近汇编语言程序执行的高效率。

（5）C语言适用范围大，可移植性好

C语言基本上不做修改就能用于各种型号的计算机和各种操作系统。

C语言的上述特点使其在操作系统开发、操作系统相关软件开发、服务器运维、嵌入式开发中具有广泛的应用。我国目前在许多基础软件，如操作系统、数据库软件、工业软件方面的完全国有化、自主产权化和先进性提升等方面仍有很多工作要做。这些都要依靠具备扎实的计算机编程基础的专业型青年人才来完成。因此无论是对普通理工科学生还是信息专业的高等院校学生来说，都应当重视和很好地掌握这门语言。这将有助于贯彻落实党的二十大精神，助力推进建设网络强国、数字中国。

视频

C语言程序的基本结构和书写风格

▋1.2　C语言程序的基本结构和书写风格

1.2.1　C语言程序的基本结构

【例1.1】用C语言编写一个程序，在屏幕上显示一行文字：Let's study the C language!。

程序运行结果:

Let's study the C language!

程序解释:

① 程序的第 1 行是编译预处理命令的文件包含命令。其作用是在编译之前把所需的有关 printf() 函数的一些文件 stdio.h 包含进来，为输出提供支持。

② 程序的第 2～6 行是主函数 main() 的定义。main 是主函数名，是开发系统提供的特殊函数，一个 C 语言程序有且仅有一个 main() 函数。C 语言程序执行时就是从 main() 函数开始，具体讲就是从 main() 函数的 "{" 开始，到 "}" 结束。C 语言中的函数其实就是代表实现某种功能并可重复执行的一段程序，每个函数都有一个名字，并且不能与其他函数同名。执行一个函数称为函数调用，函数可以带参数，也可以不带参数。

③ 程序的第 4、5 行是函数体，该函数体由 printf() 输出函数和 return 0; 两条语句组成，语句后面有一个分号，表示该语句结束。C 语言规定：语句以分号结束。

【例 1.2】求两个数 a 与 b 之和。

```
#include <stdio.h>            /* 程序需要使用C语言提供的标准库函数 */
int add(int x,int y)         /* 定义函数add，形参x、y为整型，函数返回整型值 */
{   int sum;                 /* 定义变量sum为整型 */
    sum=x+y;                 /* 将x、y之和赋给变量sum */
    return(sum);             /* 返回sum的值 */
}
int main()                   /* 主函数 */
{   int a,b,c;               /* 定义a、b、c三个整型变量 */
    a=123;                   /* 把整数123赋给变量a */
    b=456;                   /* 把整数456赋给变量b */
    c=add(a,b);              /* 调用函数add()，并将返回的值赋值给变量c */
    printf("sum=%d\n",c);    /* 输出c的值 */
    return 0;
}
```

程序运行结果:

sum=579

程序解释:

① 本程序定义了两个函数：主函数 main() 和实现加法的函数 add()。main() 函数中调用了两个函数：printf() 和 add()。printf() 函数是 C 语言提供的库函数，可以通过文件包含命令 #include 将 stdio.h 头文件包含进来后在程序中直接使用。而 add() 是由用户自己编写的自定义函数，调用时必须提供函数的定义，才能使用。

② 一个自定义函数由下面两部分组成：

● 函数的首部，即函数的第一行。包括函数类型、函数名、参数类型和参数名。

例如：

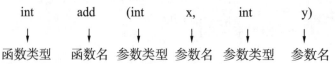

int　　　add　　　(int　　　x,　　　int　　　y)

函数类型　函数名　参数类型　参数名　参数类型　参数名

● 函数体，即函数首部下面的大括号 {…} 内的部分。

函数体一般包括说明部分和执行部分。

说明部分（又称数据定义部分或声明部分）用于定义函数内部所用到的所有变量的名字、变量的类型，并可对变量指定初值。例如，在 main() 函数中，int a,b,c; 语句构成了 main() 函数的说明部分，以整数类型 int 的方式定义了 a、b、c 三个整型变量。在 add() 函数中，int sum; 语句构成了 add() 函数的说明部分，以整数类型 int 的方式定义了一个整型变量 sum。

执行部分用于完成函数内部所规定的各项操作。例如，在 main() 函数中，第 3~7 行的语句构成函数的执行部分。语句 a=123; 和 b=456; 是赋值语句，其作用是把整数 123 和 456 分别赋给变量 a、b。语句 c=add(a,b); 的作用是用 a 和 b 作实参调用函数 add()，a 和 b 的值分别传递给 add() 函数中的形参 x 和 y，add() 函数的返回值将赋值给 c。语句 printf("sum=%d\n",c); 的作用是输出 c 的值。在 add() 函数中，第 3、4 行的语句构成函数的执行部分。语句 sum=x+y; 计算 x、y 之和，并把和值赋给变量 sum。语句 return(sum); 的作用是将 sum 的值返回给调用它的函数 main()。

通过以上两个例子，可以概括出 C 语言程序的结构特点：

① 程序由函数构成，函数有主函数 main()、库函数以及自定义函数三种类型。

② 一个函数的函数体由说明部分和执行部分构成。说明部分在前，执行部分在后，这两部分的顺序不能颠倒，也不能交叉。

③ 一个程序总是从主函数 main() 开始执行的，无论主函数写在程序的什么位置。

④ 程序中的语句都是以分号结尾。

⑤ 程序中可以有编译预处理命令（如 include），编译预处理命令通常应放在程序的最前面。

1.2.2　C 语言程序的书写风格

为提高程序的可读性，在书写 C 语言程序时应遵循以下规则：

（1）一个说明或一个语句占一行。

（2）用 { } 括起来的部分，通常表示了程序的某一层次结构。在使用时，尽可能采用左右大括号各占一行，且上、下对齐，以便于检查大括号的匹配性。

（3）整个程序采用递缩格式书写。即内层次语句向右边缩进若干空格后书写，同一层语句上、下左对齐，以便看起来更加清晰。

（4）对于数据的输入/输出，运行时最好要出现输入/输出提示信息。

（5）对语句和函数，应加上适当的注释。注释不影响程序的执行，主要用来说明程序的功能、用途、符号的含义或程序实现的方法等。注释方法有两种：

① /* 注释内容 */，适用于单行或多行注释。

② //注释内容，适用于单行注释。

在书写程序时应力求遵循以上规则，以养成良好的书写程序风格。下面举一个例子，该例是一个书写不规范的程序，读者读起来会感到很困难。

【例1.3】将例 1.2 的程序以不规范的形式书写如下，请读者试读一下，看看有何体会。该程序在语法上没有错误，运行正常，只是书写不规范。

```
#include <stdio.h>
int add(int x,int y)
{int sum;sum=x+y;return(sum);}
int main()
{   int a,b,c;a=123;b=456;
    c=add(a,b);printf("sum=%d\n",c);return 0;
}
```

读者将例1.2程序与该例程序做一下比较，可以看到C语言程序规范书写的重要性。

▌1.3 算法及算法的描述

一个程序一般包括以下两方面的内容：

① 对数据的描述。在程序中要指定数据的类型和数据的组织形式，即"数据结构"。

② 对数据操作的描述，即操作步骤，也就是"算法"。

这就是著名的公式：

程序=数据结构+算法

视频●····
算法及算法
的描述

可以说，无论是什么程序设计方法，或使用什么程序设计语言，程序的本质都是通过"算法"来对"数据"进行加工处理。因此，算法在程序设计中占据了十分重要的作用。

描述一个算法的目的在于使其他人能够利用算法解决具体问题。算法的描述方法多种多样，可以使用自然语言描述，也可以使用专门的算法表达工具进行描述。本书将介绍常用的流程图方式和N-S图方式。

1. 流程图方式

流程图是用一些图框表示各种类型的操作，用线表示这些操作的执行顺序。在流程图中常用的图形符号如图 1-1 所示。

(a) 起止框　　　　(b) 处理框　　　　(c) 判断框　　　　(d) 输入/输出框　　　　(e) 流程线

图 1-1　流程图常用图形符号

常用的流程图符号的功能：

起止框：表示算法由此开始或结束。

处理框：表示基本操作处理。

判断框：表示根据条件进行判断操作处理。

输入/输出框：表示输入数据或输出数据。

流程线：表示程序的执行流向。

例如，图1-2为计算半径为r的圆面积s的流程图描述，图1-3为判断输入的两个正整数的大小，并输出其中的大数这一问题的流程图描述（图中的"Y"和"N"分别代表"条件成立"和"条件不成立"）。

使用流程图方式描述算法，具有简洁、直观、使用方便的特点，但随着算法规模和复杂程度的提高，经常导致算法设计者随意地使用箭头控制算法和程序的执行流程，从而造成算法的层次结构混乱，大大降低了程序的可读性。

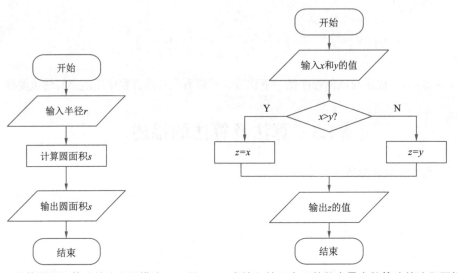

图1-2　计算圆面积算法的流程图描述　　图1-3　求输入的两个正整数中最大数算法的流程图描述

2. N-S图方式

N-S图方式中，完全去掉了带箭头的流程线。算法全部写在一个矩形框内，在该框内还可以包含其他从属于它的框，或者说，由一些基本的框组成一个大的框。N-S图方式十分适合描述结构化程序或算法的结构化实现，能够较好地反映算法和程序的层次结构，可读性好。N-S图方式的基本符号以及控制结构的描述方法如图1-4所示。

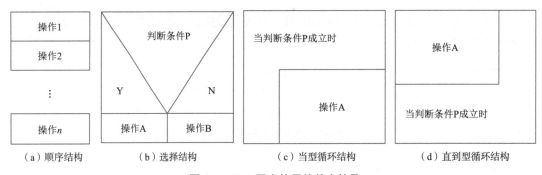

　（a）顺序结构　　　　（b）选择结构　　　　（c）当型循环结构　　　（d）直到型循环结构

图1-4　N-S图中使用的基本符号

构造算法时，将一个方框的底和另一个方框的顶连接起来，就构成N-S图。例如，图1-2和图1-3的N-S图描述如图1-5和图1-6所示。

图 1-5　计算圆面积算法的 N-S 图描述

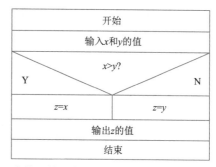

图 1-6　求输入的两个正整数中最大数算法的 N-S 图描述

【例 1.4】绘制求三个整型数中的最小数问题的流程图和 N-S 图，如图 1-7 所示。

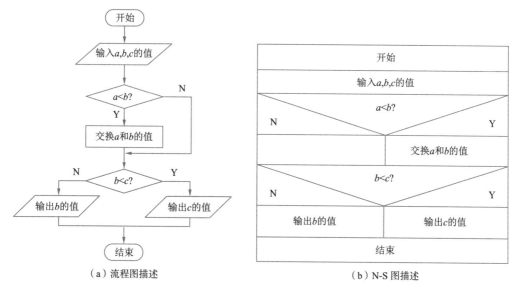

（a）流程图描述　　　　　　　　　　　　（b）N-S 图描述

图 1-7　例 1.4 的流程图和 N-S 图描述

▌1.4　C 语言程序的调试和运行步骤

用 C 语言编写的源程序必须经编译、连接生成可执行文件，才可以运行，所以一个 C 语言源程序的运行步骤如图 1-8 所示。

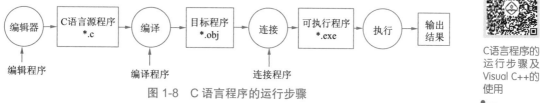

图 1-8　C 语言程序的运行步骤

视频 ●········

1. 编辑（edit）

使用一个系统提供的文本编辑器编辑 C 语言源程序，并将其保存为文件扩展名为 ".c" 的文件。

2. 编译（compile）

C 语言是一种计算机高级语言，C 语言源程序必须经过编译程序对其进行编译。编译程序会自动分析、检查源程序的语法错误，并报告出错原因。用户可根据报告信息修改源程序，再编译，直到程序正确后，生成目标程序，目标程序的文件扩展名为".obj"。

3. 连接（link）

编译生成的目标程序机器可以识别，但还不能直接执行，还需将目标程序与指定的库文件进行连接处理，连接工作由连接程序完成。这期间可能出现缺少库函数等连接错误，同样连接程序会报告连接错误信息。用户可根据连接错误信息修改源程序，再编译，再连接，直到程序正确无误后，生成可执行程序，可执行程序文件的扩展名为".exe"。

4. 运行（run）

可执行程序文件生成后，就可执行它了。若执行的结果达到预想的结果，则说明程序编写正确，否则，就需要进一步检查修改源程序，重复上述步骤，直至得到正确的运行结果为止。

1.5 在 Visual C++ 2010 中运行 C 语言程序过程

1. 启动 Visual C++ 2010 环境

直接从桌面双击 Microsoft Visual C++ 2010 Express 图标，或者选择"开始"→"程序"→"Microsoft Visual C++ 2010 Express"命令，启动 Visual C++ 2010 IDE。启动后的主窗口如图 1-9 所示。

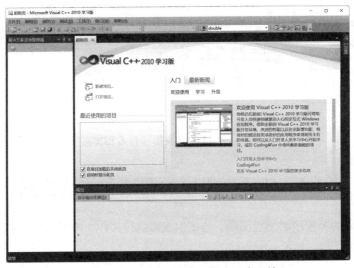

图 1-9　Visual C++ 2010 集成开发环境

2. 编辑源程序文件

① 选择起始页中的"新建项目"选项，弹出"新建项目"对话框，如图 1-10 所示。选择"Win32 控制台应用程序"选项，在底部的"名称"文本框中输入项目名称（如 example1）；在"位置"下拉列表框中输入解决方案存放的文件夹（如 C:\visual studio 2010\Projects）；在"解决方案名称"文本框中输入解决方案的名称（如 chapter1）。检查无误后单击"确定"按钮，在弹出的"Win32 应用程序向导"对话框中的"附加选项"下勾选"空项目"复选框即可，如图 1-11所示。

图 1-10　"新建项目"对话框

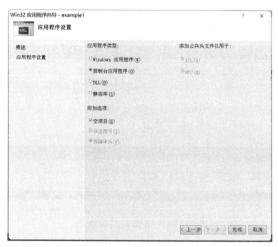

图 1-11　"Win32 应用程序向导"对话框

② 单击"完成"按钮后，在左侧解决方案资源管理器中右击，在弹出的快捷菜单中选择"源文件"选项，依次选择"添加"→"新建项"命令，在弹出的"添加新项"对话框中选择"C++文件（.cpp）"选项，在页面底部输入文件名（比如1_1.c，注意加上扩展名.c，若不加则默认扩展名为.cpp），该文件所在位置自动列在"位置"下拉列表框中显示的目录下，这个位置可以修改，如图1-12所示。

图 1-12　输入文件名与位置

③ 单击"添加"按钮，出现文件编辑区窗口，光标在文件编辑区的左上角闪动，如图1-13所示，可在此输入程序。例如，输入一个输出字符串"Let's study the C language!"的程序。

```
1_1.c* ×
(全局范围)                                    main()
    #include <stdio.h>
  int main()
    {
        printf("Let's study the C language!\n");
        return 0;
    }
```

图1-13　文件编辑区窗口界面

3. 生成解决方案

单击工具栏中的"生成"按钮，对当前源文件进行编译生成。在生成过程中，系统如发现程序有语法错误，则在输出区窗口中显示错误信息，给出错误的性质、出现的位置和错误的原因等。如果双击某条错误信息，编辑区窗口左侧会出现一个箭头，指出错误的程序行，如图1-14所示。用户据此对源程序进行相应的修改，并重新编译和连接，直到通过为止。

```
1_1.c ×
(全局范围)                                    main()
    #include <stdio.h>
  int main()
    {
        printf("Let's study the C language!\n")
→       return 0;
    }
100 %

输出
显示输出来源(S): 生成
1>------ 已启动生成: 项目: example1, 配置: Debug Win32 ------
1>  1_1.c
1>c:\visual studio 2010\projects\chapter1\example1\1_1.c(5): error C2143: 语法错误 : 缺少";"(在"return"的前面)
========== 生成: 成功 0 个，失败 1 个，最新 0 个，跳过 0 个 ==========
```

图1-14　输出区窗口界面

4. 开始执行（不调试）

单击工具栏中的"开始执行"按钮，执行当前源文件；也可以使用快捷键方式，即按【Ctrl+F5】组合键执行。程序运行结果将显示在DOS窗口的屏幕上，如图1-15所示。查看结果后，要返回Visual C++ 2010主窗口，可按任意键。

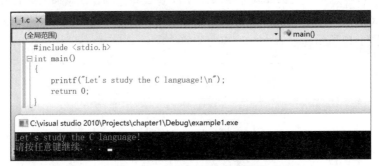

图1-15　显示运行结果的屏幕

注意事项：

① 如果程序已经输入，可在图1-9所示的界面中选择"打开项目"选项，在弹出的对话框中找到正确的文件夹，并调入指定的解决方案文件。

② 当输入结束后，保存文件时，应指定扩展名 .c，若不加则系统将按 Visual C++ 2010 默认扩展名 .cpp 保存，编译时有可能显示错误信息。

③ 当一个程序启动调试后，Visual C++ 2010 系统自动产生相应的工作区，以完成程序的运行和调试。若想在该解决方案下执行第二个程序，则需要在解决方案资源管理器的"解决方案'chapter1'（1 个项目）"上右击，在弹出的快捷菜单中选择"添加"→"新建项目"或者"现有项目"命令，如图 1-16 所示。

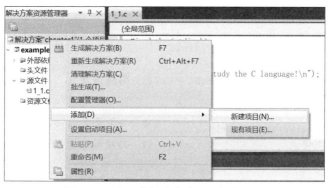

图 1-16　在现有解决方案下添加新项目

选中后将出现图 1-10 所示的对话框，但无须填写解决方案名称。重复上述步骤，则可以创建另一个项目（如 example2）及其源文件（如 1_2.c）。如果想要编译运行该项目，则需要在项目名称上右击，在弹出的快捷菜单中选择"设为启动项目"命令，如图 1-17 所示，接下来启动调试即可。否则，运行的将一直是前一个程序。

关闭解决方案的步骤：在图 1-18 所示的界面中选择"文件"→"关闭解决方案"命令即可。

图 1-17　设为启动项目

图 1-18　关闭程序工作区界面

‖小　结

本章介绍了 C 语言的由来、特点和 C 语言程序的基本结构，还介绍了在 Visual C++ 2010 中执行 C 语言程序的编辑、编译、连接及运行步骤。

函数是C语言程序的基本单位。一个C语言源程序可以由多个函数组成，其中必须有一个，而且只能有一个名为main()的主函数。C语言程序总是从main()函数开始执行。

书写规范的程序和养成良好的书写程序风格，可以提高程序的可读性。

算法是程序设计的关键，可以帮助我们正确地描述要解决的实际问题。

习　题

一、单选题

1. C语言属于（　　　）。

    A. 机器语言　　　　B. 汇编语言　　　　C. 高级语言　　　　D. 面向对象的语言

2. C语言中，main()函数的位置（　　　）。

    A. 必须是第一个函数　　　　　　　　B. 必须是最后一个函数

    C. 可以放在任意处　　　　　　　　　D. 必须放在它所调用的函数之后

3. 一个C语言程序的执行过程是（　　　）。

    A. 从第一个函数开始　　　　　　　　B. 从第一个语句开始

    C. 从main()函数开始　　　　　　　　D. 从最后一个函数开始

4. 任何C语言程序的语句必须以（　　　）结束。

    A. 句号　　　　　　B. 分号　　　　　　C. 冒号　　　　　　D. 感叹号

5. C语言程序经过连接后生成的文件扩展名为（　　　）。

    A. .c　　　　　　　B. .obj　　　　　　C. .exe　　　　　　D. .cpp

二、填空题

1. 系统默认的C语言源程序的文件扩展名为_____，经过编译后生成的目标文件扩展名为_____，经过连接后生成的可执行文件扩展名为_____。

2. 函数体一般包括_____部分和_____部分，它们都是C语言程序的语句。

3. C语言源程序的基本单位是_____。

4. 每个C语言程序中有且只有一个_____函数，它是程序的入口和出口。

5. 为了提高C语言程序的可读性，在书写程序时要养成良好的_____。

三、简答题

1. C语言主要有哪些特点？

2. C语言程序的执行过程，经历哪几个步骤？

第2章
C 语言基础及顺序结构程序设计

作为一种程序设计语言，C 语言规定了一套严密的字符集和语法规则，程序设计就是根据字符集和语法规则按照实际问题的需要编制出相应的 C 语言程序。本章首先介绍 C 语言的语法基础，其次介绍基本运算符和表达式的运算规则以及基本输入 / 输出函数的用法，最后介绍顺序结构程序设计的基本方法，并学习编写一些简单的顺序结构程序。

▌2.1　C 语言的字符集

字符是组成 C 语言的最基本的元素。字符集由下列字母、数字、空白符、下划线、标点符号和特殊字符组成。

视 频 ●

C语言的字符
集和数据类型

① 字母：小写字母 a ～z 共 26 个，大写字母 A ～Z 共 26 个。

② 数字：0～9 共 10 个。

③ 空白符：空格符、制表符和换行符等统称为空白符。

④ 下划线：_。

⑤ 标点符号、特殊字符：+、-、*、/、%、=、>、<、(、)、[、]、{、}、!、&、#、^、?、,、.、;、:、'、"、\。

在编写 C 语言程序时，只能使用 C 语言字符集中的字符，且区分大小写字母。

▌2.2　C 语言的关键字、标识符和保留标识符

2.2.1　关键字

关键字是具有特定含义的、专门用来说明 C 语言的特定成分的一类单词。关键字都是用小写字母书写，不能用大写字母书写。由于关键字有特定的用途，所以不能用于变量名或函数名等其他场合，否则就会产生编译错误。C 语言定义了 32 个关键字，如表 2-1 所示。

表 2-1　C 语言关键字列表

char	double	enum	float	int	long	short	signed
struct	union	unsigned	void	break	case	continue	default
do	else	for	goto	if	return	switch	while
auto	extern	register	static	const	sizeof	typedef	volatile

2.2.2 标识符

用于标识名字的有效字符序列称为标识符。标识符可用来标识变量名、符号常量名、函数名、数组名和数据类型名等。

标识符的命名应遵循以下规则：

① 标识符只能由英文字母、数字和下划线三种字符组成，且第一个字符必须为字母或下划线。

② 大小写英文字母被认为是不同的字符。例如，D 和 d、BOOK 和 book 是不同的标识符。

③ 标识符不能与关键字和保留标识符重名。

④ 在一个标识符中，各个字符之间不允许出现空格。

⑤ 标识符的长度可以为任意，它随编译系统的不同而不同。

正确的标识符命名：

    _3a   x3   PI   music   abD34xz

不正确的标识符命名：

    a+b   G.W.Bush   3s   −3x   int   #xy   printf

定义标识符时应尽量做到"见名知意"，以提高程序的可读性。例如，可用 sum 表示求和、name 表示姓名、max 表示最大值、min 表示最小值等。

2.2.3 保留标识符

保留标识符是系统保留的一部分标识符，通常用于系统定义库函数的名字。例如，正弦函数 sin()、打印函数 printf()、编译预处理命令 #define 等。

▌2.3 C 语言的数据类型

C 语言对具有相同属性的数据，采用相同的取值范围和相同的操作，这种相同的属性集合称为数据类型。数据类型决定数据的表示形式、占据存储空间的大小、数据的取值范围和运算方式。C 语言的数据类型由基本数据类型和非基本数据类型组成。基本数据类型是其他各类数据类型的基础。C 语言的数据类型及其分类关系如图 2-1 所示。

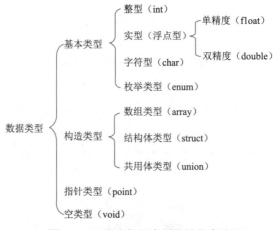

图 2-1 C 语言数据类型及其分类关系

2.4　常　　量

所谓常量是指在程序运行的整个过程中，其值始终不变的量。常量有不同的类型，常量的分类如图 2-2 所示。

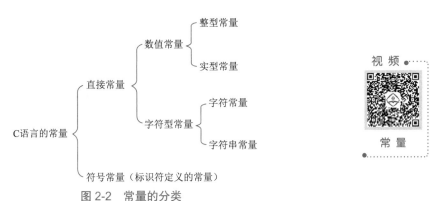

图 2-2　常量的分类

2.4.1　整型常量

整型常量有十进制、八进制、十六进制三种表示形式，说明如下：

1. 十进制整型常量

十进制整型常量的数码为 0～9，数值前面可以有 +、- 符号。

注意：十进制整型常量的数值前面不允许加 0，如 023 不是十进制整型常量。例如：

合法的十进制整型常量：237、-568、65535。

不合法的十进制整型常量：3.（含有小数点，是实数）、23D（含有非十进制数码 D）。

2. 八进制整型常量

八进制整型常量的表示形式是以数字 0 开头，由 0～7 的数字组成。例如：

合法的八进制常量：015（十进制为 13）、0177777（十进制为 65535）。

不合法的八进制常量：256（无前缀 0）、0128（出现了非八进制数码 8）。

3. 十六进制整型常量

十六进制整型常量的表示形式是以 0x 或 0X 开头，由 0～9 的数字、A～F 或 a～f 字母组成。例如：

合法的十六进制整型常量：0X2A（十进制为 42）、0XFFFF（十进制为 65535）。

不合法的十六进制整型常量：5A（无前缀 0X）、0X3H（含有非十六进制数码 H）。

一个整型常量后面加了后缀 l 或 L，则被认为是长整型常量型，即 long int 类型常量，如 55 与 55L 数值上相等，但类型不同，后者为 long int 类型常量。

2.4.2　实型常量

实型常量只能用十进制形式表示。它有两种形式：小数形式和指数形式。

1. 小数形式

由正号或负号、0～9 的数字和小数点组成，且小数点的前面或后面至少一边要有数字。例如，-1.85、0.3456、120.0、.426 都是小数形式实型常量。

2. 指数形式

由正号或负号、0～9的数字、小数点和阶码标志"e"或"E"以及阶码组成。其一般形式为：

aEn 或 aen

其中a为十进制数，n为十进制整数（n为正数时"+"可以省略），其值为$a \times 10^n$。

合法的指数形式：1.234e12（等于1.234×10^{12}），3.7E-2（等于3.7×10^{-2}）

非法的指数形式：568（无小数点），e-5（阶码标志"e"之前无数字），-5（无阶码标志），58+e5（符号位置不对），2.7E（无阶码），6.4e+5.8（阶码不是整数）。

对于实型常量的两种表示形式，系统均默认为是双精度实型常量。例如，5.35、5.5e5的类型均为double型。如果一个实型常量的后面加上了F或f，则被认为是float单精度实型常量。例如，0.5e2f、3.14159F。

2.4.3 字符常量

字符常量是用单引号括起来的一个字符。例如：'a'、'0'、'A'、'-'和'*'都是合法的字符常量。注意，'a'和'A'是不同的字符常量。

除了以上形式的字符常量以外，C语言还定义了一些特殊的字符常量，是以反斜杠"\"开头的字符序列，称为转义字符。转义字符的意思是将反斜杠"\"后面的字符转变成另外的意义。常用的转义字符及其含义见表2-2。

表2-2 转义字符及其含义

字符形式	含　义	ASCII代码
\n	换行，将当前位置移到下一行开头	10
\t	水平位移，跳到下一个Tab位置	9
\b	退格，将当前位置移到前一列	8
\r	回车，将当前位置移到本行开头	13
\f	换页，将当前位置移到下一页开头	12
\\	反斜杠字符"\"	92
\'	单引号字符"'"	39
\"	双引号字符"""	34
\0	空字符	0
\a	响铃（声音报警）	7
\ddd	1～3位八进制数所代表的字符	八进制数ddd对应的十进制数字符
\xhh	1、2位十六进制数所代表的字符	十六进制数hh对应的十进制数字符

注意：

① 字符常量只能用单引号括起来，不能用双引号或其他括号。例如，"a"不是字符常量。

② 字符常量只能是单个字符，不能是字符串。例如，'ab'不是字符常量。

③ 数字被定义为字符常量之后就以其ASCII码值参与数值运算。

【例2.1】分析下面程序的运行结果。

```c
#include <stdio.h>                /* 程序需要使用C语言提供的库函数 */
int main()
{   printf("China\n\101\t\\\n");  /* 调用库函数printf()显示字符串 */
    return 0;
}
```

程序运行结果：

```
China
A       \
```

程序中有四个转义字符，分别是 \n、\101、\t、\\。输出 "China" 之后遇到转义字符 '\n'，因此换行，换行后遇到八进制转义字符 '\101'，输出八进制转义字符 '\101' 对应的字符 'A' 后遇到转义字符 '\t'，水平移动到下一个制表位置，后遇到转义字符 '\\'，输出 '\'，再遇 '\n' 进行换行。

2.4.4　字符串常量

字符串常量是用双引号括起来的字符序列。例如，以下是合法的字符串常量：

"CHINA"、"**402754**"、" "（表示一个空格串）、

""（表示什么字符也没有的字符串）、"\n"（表示一个具有换行功能的字符串）

字符串常量在内存中存储时，系统自动在每一个字符串常量的尾部加一个字符串结束标志，即字符 '\0'（ASCII码值为0）。因此，长度为 n 个字符的字符串常量在内存中要占用 $n+1$ 个字节的空间。例如，字符串 "A" 和"C program" 的长度分别为 1 和 9（即字符的个数），但在内存中所占的字节数分别为 2 和 10。字符串 "A" 和 "C program" 在内存中的存储形式如图2-3 所示。

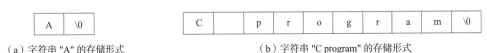

A	\0

C		p	r	o	g	r	a	m	\0

（a）字符串 "A" 的存储形式　　　　　　（b）字符串 "C program" 的存储形式

图 2-3　字符串 "A" 和 "C program" 在内存中的存储形式

字符常量与字符串常量的区别：

① 定界符不同。字符常量使用单引号，而字符串常量使用双引号。

② 存储要求不同。字符常量存储的是字符的ASCII码值，而字符串常量除了要存储字符串常量的有效字符外，还要存储一个字符串结束标志 '\0'。

2.4.5　符号常量

在程序中，如果某个常量多次被使用，则可以使用一个符号来代替该常量，这种相应的符号称为符号常量。例如，程序中多次使用班级人数，若用符号常量NUM代表班级人数，一旦需要修改班级人数，只需要修改符号常量NUM的定义处即可，即做到一改全改。符号常量的使用不仅在书写上方便，而且有效地提高了程序的可读性、通用性和可维护性。

用宏定义 #define（第6章介绍）来定义符号常量。例如：

```
#define NUM 35
```

格式是在 #define 后面跟一个"标识符"和一个"字符串"，彼此之间用空格隔开。"字符串"可以是常数、表达式、格式串等。宏定义不是 C 语句，故末尾不要加分号。

【例 2.2】编写求一个半径 *r*=2.0 的球的体积和表面积的程序。

```
#include <stdio.h>                    /* 程序需要使用C语言提供的库函数 */
#define PI 3.1415                     /* 定义PI为符号常量，其值为3.1415 */
int main()
{   float r,v,s;                      /* 定义实型变量r、v、s分别表示球的半径、体积和表面积 */
    r=2.0;                            /* 将2.0赋值给半径r */
    v=4.0/3.0*PI*r*r*r;               /* 求球的体积v */
    s=4.0*PI*r*r;                     /* 求球的表面积s */
    printf("v=%f, s=%f\n",v,s);       /* 输出球的体积v和表面积s */
    return 0;
}
```

程序运行结果：

```
v=33.509335, s=50.264000
```

本程序在主函数 main() 之前，由宏定义 #define 定义 PI 为 3.1415，在程序中用 PI 代替 3.1415。v=4.0/3.0*PI*r*r*r 等效于 v=4.0/3.0*3.1415*r*r*r，而 s=4.0*PI*r*r 等效于 s=4.0*3.1415*r*r。

习惯上，符号常量用大写，变量用小写以示区别。另外，符号常量一旦定义，就不能在程序的其他地方给该符号常量再赋值。

2.5 变 量

2.5.1 变量的概念

视 频

变量是指在程序运行过程中其值可以改变的量。例如，计算圆周长的 C 语句：

```
l=2*3.1415*r;
```

变量

1 和 r 都是变量，其中，r 可以有不同的值，1 的值因 r 的值不同而不同。

变量都有三个特征：一是它有一个变量名，变量名的命名方式符合标识符的命名规则；二是变量有类型之分，因为不同类型的变量占用的内存单元（字节）数不同，因此每个变量都有一个确定的类型；三是变量可以存放值，程序运行过程中用到的变量必须有确切的值，变量在使用前必须赋值，变量的值存储在内存中。

2.5.2 变量的定义与初始化

1. 变量的定义

常量是可以不经定义直接引用的，而程序中用到的所有变量必须先定义后使用。变量定义的一般形式为：

```
数据类型标识符　变量名1[,变量名2,变量名3,…,变量名n];
```

其中，[]表示可选项。例如：

```
int a;                /* 定义a为整型变量 */
float x,y,z;          /* 定义x、y、z为单精度实型变量 */
char ch;              /* 定义ch为字符型变量 */
```

进行变量定义时，应注意以下几点：

① 允许在一个数据类型标识符后，说明多个相同类型的变量，各变量名之间用逗号隔开。

② 数据类型标识符与变量名之间至少用一个空格隔开。

③ 最后一个变量名之后必须以分号";"结尾。

④ 变量定义必须放在变量使用之前，一般放在函数体的开头部分。

⑤ 在同一个程序中变量不允许重复定义。例如，以下是不合法的定义：

```
int x,y,z;            /* 定义x、y、z为整型变量 */
int a,b,x;            /* 变量x被重复定义 */
```

2. 变量的初始化

在定义变量的同时可以给变量赋初值，称为变量的初始化。其一般形式为：

```
数据类型标识符　变量名1=常量1[,变量名2=常量2,…,变量名n=常量n];
```

其中，[]表示可选项。例如：

```
float x=0,y=0;        /* 定义x、y为单精度实型变量，同时x、y都赋初值为0 */
char ch='a';          /* 定义ch为字符型变量，同时赋初值为字符'a' */
```

2.5.3　整型变量

整型变量通常可分为四类：一般整型（int）、短整型（short）、长整型（long）和无符号型（unsigned）。其中，无符号型又有无符号整型（unsigned int）、无符号短整型（unsigned short）和无符号长整型（unsigned long）之分。

变量在内存中都占据着一定的存储长度，随存储长度不同，所能表示的数值范围也不同。表2-3列出了在Visual C++ 2010环境下，各类整型数据所分配的字节数及数的取值范围。

表 2-3　各类整型数据在内存中所占空间字节数及数的取值范围

符　　号	数据类型	类型标识符	所占字节数	取值范围
带符号	整型	int	4	−2 147 483 648～2 147 483 647
	短整型	short（或 short int）	2	−32 768～32 767
无符号	无符号整型	unsigned（或 unsigned int）	4	0～4 294 967 295
	无符号短整型	unsigned short	2	0～65 535

2.5.4　实型变量

实型变量分为单精度型（float）、双精度型（double）和长双精度型（long double）三种。表2-4列出了在Visual C++2010环境下，单精度型和双精度型数据所分配的字节数及数的取值范围。

表 2-4　单精度和双精度型数据在内存中所占空间字节数及数的取值范围

类 型 名	类型标识符	所占字节数	有效数字	取 值 范 围
单精度型	float	4	6～7	$-3.4 \times 10^{-38} \sim 3.4 \times 10^{38}$
双精度型	double	8	15～16	$-1.7 \times 10^{-308} \sim 1.7 \times 10^{308}$

实型数据的存储形式决定了能提供的有效数字是有限的，有效数字位数以外的数字会被舍去，所以实型数据会存在误差。

【例2.3】实型数据的舍入误差分析。

```
#include <stdio.h>              /* 程序需要使用C语言提供的库函数 */
int main()
{   float a,b;                  /* 定义a、b为单精度实型变量 */
    double c,d;                 /* 定义c、d为双精度实型变量 */
    a=3.55;                     /* 将3.55赋给单精度实型变量a */
    b=12345.678;                /* 将12345.678赋给单精度实型变量b */
    c=3.55;                     /* 将3.55赋给双精度实型变量c */
    d=12345.678;                /* 将12345.678赋给双精度实型变量d */
    printf("a=%f,b=%f\n",a,b);  /* 以实型形式输出a、b的值 */
    printf("c=%f,d=%f\n",c,d);  /* 以实型形式输出c、d的值 */
    return 0;
}
```

程序运行结果：

```
a=3.550000,b=12345.677734
c=3.550000,d=12345.678000
```

从本例可以看出，由于b是float类型，有效位数为6或7位，将12345.678赋给b时，输出结果却显示为12345.677734，前面7位数字是有效的，后面数字出现了误差。

2.5.5　字符变量

字符变量用来存放字符常量，注意只能存放一个字符。字符变量的类型标识符为char。例如：

```
char c1,c2,c3;
c1='a';                         /* 正确：给字符变量赋值字符'a' */
c2='6';                         /* 正确：给字符变量赋值字符'6' */
c3="a";                         /* 不正确：给字符变量赋值字符串常量"a" */
```

字符型数据在内存中存储的是ASCII码的二进制形式，一个字符的存储占用一个字节。例如，上述定义中c1='a';和c2='6';，在内存中实际上储存的分别是字符'a'和'6'的ASCII码值97和54的二进制形式。

由于字符型数据在内存中存放的是字符的ASCII码值，所以也可以把字符型数据看成是整型数据。字符型数据和整型数据之间可以方便地进行转换。字符型数据可以参与算术运算，也可以把整型数据赋值给字符型变量，还可以以整数形式输出。由于整型数据占4字节，而字符数据占1字节，当整型数据按照字符型数据进行处理时，只有低8位的字节参与处理。

【例2.4】向字符变量赋以整数。

```c
#include <stdio.h>              /* 程序需要使用C语言提供的库函数 */
int main()
{   char c1,c2;                 /* 定义c1、c2为字符型变量 */
    c1=65;                      /* 将整数65赋给字符变量c1,相当于c1='A' */
    c2=67;                      /* 将整数67赋给字符变量c2,相当于c2='C' */
    printf("%c\t%c\n",c1,c2);   /* 以字符形式输出c1和c2的值 */
    printf("%d\t%d\n",c1,c2);   /* 以整数形式输出c1和c2的值 */
    return 0;
}
```

程序运行结果：

```
A       C
65      67
```

【例2.5】字符变量和整型变量可以相互赋值。

```c
#include <stdio.h>              /* 程序需要使用C语言提供的库函数 */
int main()
{   int k;                      /* 定义k为整型变量 */
    char ch;                    /* 定义ch为字符变量 */
    k='b';                      /* 将字符'b'赋给整型变量k */
    ch=66;                      /* 将整数66赋给字符变量ch */
    printf("%d, %c\n",k,k);     /* 分别以整数和字符形式输出k的值 */
    printf("%d, %c\n",ch,ch);   /* 分别以整数和字符形式输出ch的值 */
    return 0;
}
```

程序运行结果：

```
98, b
66, B
```

2.6　C 语言的运算符和表达式

2.6.1　运算符

用来表示各种运算的符号称为"运算符"。运算符可以按其功能和运算对象的个数进行分类。按运算符功能可以分为算术运算符、关系运算符、逻辑运算符、位运算符和特殊运算符五类。按其运算对象的多少可以分为单目运算符（仅对一个运算对象进行操作，如-5）、双目运算符（对两个运算对象进行操作，如2+3）和三目运算符（对三个运算对象进行操作，如5>9?3:-3）三类。

视频
C语言的运算符和表达式

2.6.2　表达式

用运算符把运算对象连接起来的符合C语言语法规则的式子，称为表达式。例如，表达式

c/(3*a+b)中包括+、*、/、()运算符，运算对象包括3、a、b、c。

对表达式进行运算，所得到的结果称为表达式的值。例如，表达式2+cos(0)的值为3。

2.6.3 运算符的优先级和结合性

运算符的优先级指多个运算符用在同一个表达式中时，先进行什么运算，后进行什么运算。

运算符的结合性是指在表达式中若连续出现若干个优先级相同的运算符时，各运算的运算次序。因而在C语言中有所谓"左结合性"和"右结合性"之说。

在表2-5中列出了所有运算符的优先级和结合性。注意所有的单目运算符、赋值运算符和条件运算符都是从右向左结合，其余均为从左向右结合。

表 2-5 运算符及其从高到低的优先级和结合性

优先级	运 算 符	含 义	运算量个数	结 合 性
1	()	括号运算符	单目运算符	自左至右
	[ ]	下标运算符		
	->	指向成员运算符		
	.	成员运算符		
2	!	逻辑非运算符	单目运算符	右结合
	~	按位取反运算符		
	++、--	自加、自减运算符		
	-	负号运算符		
	(类型)	强制类型转换运算符		
	*、&	指针和地址运算符		
	sizeof	取长度运算符		
3	*、/、%	乘、除、求余运算符	双目运算符	自左至右
4	+、-	算术加、减运算符		
5	<<、>>	位左移、右移运算符		
6	<、<=、>、>=	关系运算符		
7	==、!=	关系运算符		
8	&	按位与运算符		
9	^	按位异或运算符		
10			按位或运算符		
11	&&	逻辑与运算符		
12	||	逻辑或运算符		
13	?:	条件运算符	三目运算符	右结合
14	+=、=、-=、*=、/=、%=	赋值运算符	双目运算符	右结合
	<<=、>>=、&=、|=、^=	组合位运算符		
15	,	逗号运算符	双目运算符	自左至右

2.7　C 语言中最基本的运算符和表达式

本节介绍 C 语言中最基本的运算符以及由这些运算符构成的表达式，后面的章节中将陆续介绍其他运算符以及由这些运算符构成的表达式。

2.7.1　算术运算符和算术表达式

1. 基本算术运算符及其表达式

基本算术运算符有 +（加）、-（减）、*（乘）、/（除）、%（求余）五种运算符，都是双目运算符，其优先级从高到低为：

（ ）→ *、/、% → +、-

乘法、除法和求余运算符优先级相同；加法、减法运算符优先级相同。结合性为自左至右。

由算术运算符把运算对象连接起来的符合 C 语言语法规则的式子称为算术表达式。

【例 2.6】设变量 x、y 的值分别为 12.2 和 52.6，求算术表达式 $(x+y)/2-31$ 的值。

按照括号优先，先计算 $x+y$，得和 64.8，再计算 64.8/2，得商 32.399999，最后计算 32.399999-31，运算结果为 1.399999，表达式 $(x+y)/2-31$ 的值为 1.399999。

关于基本算术运算符及其表达式的说明和注意事项如下：

① 表达式中凡是相乘的地方必须写上 "*"，不能省略，也不能用点代替；表达式中出现的括号一律使用圆括号，而且为保持运算顺序正确性，根据需要适当添加圆括号。例如：

数学式 $\dfrac{2+a+b}{ab}$，写成 C 语言表达式为：(2+a+b)/(a*b) 或 (2+a+b)/a/b

而不能写为：2+a+b/a*b 或 (2+a+b)/ab 或 (2+a+b)/a*b。

② 数学中有些常用的计算可以用 C 语言系统提供的数学库函数来实现。例如，求 x 的平方根的函数为 sqrt(x)；求 x^y 的函数为 pow(x,y)；一般情况下，求 x^2 写为 x*x 的连乘形式；数学式 $(2\pi r+e^{-3})\ln x$，写成 C 语言表达式为 (2*3.14159*r+exp(-3))*log(x)。

③ 除法运算符 "/" 的运算对象可以是各种类型的数据，但是当进行两个整型数据相除时，运算结果也是整型数据，即只取商的整数部分；而运算对象中只要有一个数据为实型数据时，则结果为实型数据。例如，5.0/10 的运算结果为 0.5，5/10 的运算结果为 0（而不是 0.5），10/4 的运算结果为 2（而不是 2.5）。

④ 求余数运算符 "%" 仅用于整型数据，不能用于实型数据，它的作用是取整数除法的余数。例如，1%2 的结果是 1，10%3 的结果也是 1。而 1%2.0 或 10.0%3 不是合法的表达式。

2. 自增与自减算术运算符及其表达式

自增（++）和自减（--）运算符都是单目运算符，它们的运算对象只有一个且只能是简单变量，其作用是使变量的值增 1 或减 1。它们既可以作为前缀运算符，如 ++i 和 --i；也可以作为后缀运算符，如 i++ 和 i--。作为前缀和后缀运算符的区分，主要表现在对变量值的使用。即：

① 前缀形式：++i、--i，它的功能是在使用 i 之前，i 值先加（减）1（即先执行 i+1 或 i-1，然后再使用 i 值）。

② 后缀形式：i++、i--，它的功能是在使用 i 之后，i 值再加（减）1（即先使用 i 值，然后

再执行i+1或i-1）。

例如，j=3时：

```
k=++j;              /* 赋值时，j先增1，再将j值赋给k，结果k=4，j=4 */
k=j++;              /* 赋值时，j值先赋给k，然后j增1，结果k=3，j=4 */
k=--j;              /* 赋值时，j先减1，再将j值赋给k，结果k=2，j=2 */
k=j--;              /* 赋值时，j值先赋给k，然后j再减1，结果k=3，j=2 */
```

自增、自减运算符的优先级高于基本算术运算符，具有右结合性。

【例2.7】假设变量i、j、k的值分别为3、5和3，求表达式m=(++k)*j和n=(i++)*j中m和n的值。

在计算m=(++k)*j时，由于对 k 实施的是前缀自增，k首先增1变为4，然后与j相乘，即m=(++k)*j=4*5=20；最后将20赋值给m。在计算n=(i++)*j时，由于对i实施的是后缀自增，因此，i是用3的值参与乘运算，即n=(i++)*j=3*5=15，在参与乘操作之后，i才增1变为4；最后赋值给n的值是15。

【例2.8】自增、自减运算应用举例。

```
#include <stdio.h>              /* 程序需要使用C语言提供的库函数 */
int main()
{   int i=8;                    /* 定义i为整型变量,并将其初始化为8 */
    printf("%d,",++i);          /* i自增1后再参与输出运算 */
    printf("%d,",--i);          /* i自减1后再参与输出运算 */
    printf("%d,",i++);          /* i参与输出运算后，i的值再自增1 */
    printf("%d,",i--);          /* i参与输出运算后，i的值再自减1 */
    printf("%d,",-i++);         /* 按照结合性-i++相当于-(i++) */
    printf("%d\n",-i--);        /* 按照结合性-i--相当于-(i--) */
    return 0;
}
```

程序运行结果：

```
9,8,8,9,-8,-9
```

2.7.2 赋值运算符和赋值表达式

1. 基本赋值运算符及其表达式

赋值符号 "=" 就是基本赋值运算符。由基本赋值运算符将运算对象连接起来的符合C语言语法规则的式子，称为基本赋值表达式。其一般形式为：

```
变量=表达式
```

赋值运算符的作用是，首先计算表达式的值，然后将该值赋值给等号左边的变量，实际上是将表达式的值存放到左边变量的存储单元中。例如，表达式x=3*5+35，表示将3*5+35的计算结果50赋值给变量x，变量x的值为50。

赋值运算符的优先级仅仅高于逗号运算符，具有右结合性。

【例2.9】已知 "int a=2,b=5"，求解表达式x=y=a+b的值。

根据算术运算符的优先级高于赋值运算符，先计算表达式a+b，结果为7。按照赋值运算的右结合性，x=y=7 等价于 x=(y=7) 的值。先将 7 赋值给变量 y，变量 y 的值是 7。再做左边的赋值运算 x=y，将变量 y 的值 7 赋值给变量 x，最后得到表达式的值即为变量 x 的值 7。

关于基本赋值运算符及其表达式的说明和注意事项如下：

① 赋值运算符 "=" 的左侧只能是变量，不能是常量或表达式，而右侧可以是常量、赋过值的变量或表达式。例如，以下是不合法的或有逻辑错误的赋值表达式：

```
12=a                    /* 赋值运算符 "=" 的左侧是常量 */
2*a=3*5+55              /* 赋值运算符 "=" 的左侧是表达式 */
x=b                     /* 赋值运算符 "=" 的右侧是没有赋过值的变量 */
```

② 当赋值运算符两边的类型不一致时，要进行类型转换。

实型数据（float 或 double 型）赋值给整型变量时，舍去小数部分。例如，int k=5.78;则 k 的值为 5。整型数据赋值给实型变量时，数值不变，以实型数据形式存储到变量中。

2. 算术复合赋值运算符及其表达式

在基本赋值运算符（=）前面加上基本算术运算符（+、-、*、/、%），就构成了算术复合赋值运算符。C 语言规定的算术复合赋值运算符有 +=、-=、*=、/=、%= 这五种。由算术复合赋值运算符将运算对象连接起来的符合 C 语言语法规则的式子，称为算术复合赋值表达式。其一般形式为：

变量 算术复合赋值运算符 表达式

例如：

```
a+=b                /* 等价于a=a+b */
a/=b                /* 等价于a=a/b */
a-=b+4              /* 等价于 a=a-(b+4) */
x*=y+7             /* 等价于x=x*(y+7) */
```

算术复合赋值运算符的优先级、结合性与基本赋值运算符相同。

【例 2.10】已知 "int a=6,b=8"，求解表达式 a*=b+=12 的值。

求解表达式 a*=b+=12 的值，等价于求解表达式 a=a*(b+=12) 的值。先求解表达式 b+=12 的值，等价于求解表达式 b=b+12 的值，得到其值 20。再求解 a=a*20，变量 a 的值为 120，得到表达式 a*=b+=12 的值是 120。

【例 2.11】已知 "int a=10"，求解表达式 a+=3+(a%=1+a/2) 的值。

按照算术复合赋值运算符的结合方向自右向左结合，将表达式分解为求解表达式 a%=1+a/2 和 a+=3+a，等价于求解表达式 a=a%(1+a/2) 和 a=a+(3+a)。先计算表达式 a=a%(1+a/2) 的值，得到 a=4，从而得到表达式 a=a+(3+a) 的值为 11。

值得注意的是，如果基本赋值运算符（=）右边是一个表达式，在进行等价处理时，应加上括号。例如，表达式 y*=x+6 等价于表达式 y=y*(x+6)，而不是 y=y*x+6。

2.7.3　关系运算符和关系表达式

关系运算符用于两个运算对象之间的比较，有以下六种关系运算符：

> （大于）　>=（大于等于）　<（小于）　<=（小于等于）　==（等于）　!=（不等于）

用关系运算符将两个表达式连接起来的式子，称为关系表达式。其一般形式为：

表达式 关系运算符 表达式

关系运算的结果是一个逻辑值，只有"真"和"假"两种情况。C语言中规定：逻辑值"真"用1表示，逻辑值"假"用0表示。例如，假设a=1，b=2，c=3，d=4，则：

```
a<b                      /* 表达式的值为"真"，即为1 */
·(a+b)>(c+d)             /* 表达式的值为"假"，即为0 */
'a'<90+3*c               /* 表达式的值为"真"，即为1 */
```

关系运算符中，>、>=、<、<=的优先级相同，==、!=的优先级相同，前四种关系运算符的优先级高于后两种关系运算符。关系运算符与其他运算符之间的优先级为：算术运算符→关系运算符→赋值运算符。关系运算符的结合性均为自左至右结合。

【例2.12】已知"int i=1,j=2,k=3"，求解关系表达式k==j==i+5的值。

根据关系运算符从左向右的结合性，先计算k==j，该式不成立，其值为0；再计算0==i+5，也不成立，故整个表达式的值为0。

【例2.13】已知"int a=20,b=70,c=50,d=90"，在表达式k=a+b<c+d中，求k的值。

根据优先级，该表达式等价于表达式k=((a+b)<(c+d))，即k=(90<140)；先计算(90<140)，该式成立，其值为1；再将1赋值给变量k，k=1。

关于关系表达式的说明和注意事项如下：

① 一个关系表达式中含有多个关系表达式时，要注意它与数学式的区别。例如，数学式6>x>0，表示x的值小于6，大于0（在0～6之间）；而关系表达式6>x>0，根据左结合性，表示6与x的比较结果（不是1就是0）再与0比较（假设x=4，则对6>x>0，先计算6>4，表达式的值为真（即为1），接着再计算1>0，表达式的值也为真（即为1），故整个表达式的值为1）。

② 应避免对实型数据做相等或不等的判断，因为实型数据在内存中存放时有一定的误差。如果一定要进行比较，则可以用它们的差的绝对值去与一个很小的数（如10^{-6}）相比，如果小于此数，就认为它们是相等的。

2.7.4 逻辑运算符和逻辑表达式

对逻辑值进行运算的运算符称为逻辑运算符，有以下三种逻辑运算符：

&&（与运算符） ||（或运算符） !（非运算符）

"&&"和"||"为双目运算符，当"&&"两边的操作数均为非0时，运算结果为1（真），否则为0（假）；当"||"两边的操作数均为0时，运算结果为0（假），否则为1（真）。而"！"为单目运算符，其运算结果是使操作数的值为非0者变为0，为0者变为1。

例如，若有以下定义：

```
int a=4,b=5,c=0;
```

① !a：因为a的值为非0，被认为真，对它进行逻辑非运算，得到假，所以结果为0。

② a&&b：因为a和b的值均为非0，被认为是真，因此a&&b的值也为真，所以结果为1。

③ a||c：因为a值为非0，被认为是真，c的值为0，被认为是假，因此a||b的值为真，所以结果为1。

这三种逻辑运算符的运算规则如表 2-6 所示。

表 2-6　逻辑运算的真值表

运算对象		逻辑运算结果			
a 的取值	b 的取值	!a	!b	a&&b	a‖b
真	真	假	假	真	真
真	假	假	真	假	真
假	真	真	假	假	真
假	假	真	真	假	假

用逻辑运算符连接起来的表达式称为逻辑表达式。其一般形式为：

表达式　逻辑运算符　表达式

当判断一个逻辑表达式的结果时，若逻辑表达式的整体值为非 0，表示为真；若逻辑表达式的整体值为 0，表示为假。

三种逻辑运算符的优先级由高到低依次为：! → && → ‖。

逻辑运算符与其他运算符的优先次序为：! → 算术运算符 → 关系运算符 → &&、‖ → 赋值运算符 → 逗号运算符。

逻辑运算符的结合方向：&& 和‖结合方向为从左到右，! 结合方向为从右到左。

【例 2.14】已知"int a=5,b=60"，计算表达式 a%2==0&&b%2!=0 的值。

根据优先级和结合性，计算该表达式的值等价于计算 (a%2==0)&&(b%2!=0)。关系运算（a%2==0）和（b%2!=0）的结果分别为 0 和 0，得逻辑表达式 0&&0。逻辑运算 0&&0 的结果为 0，即整个表达式的计算结果为 0。

【例 2.15】计算表达式 5>3&&'a'‖5<4-!0 的值。

首先根据结合性，计算该表达式的值等价于计算 (5>3)&&'a' ‖(5<(4-(!0)))。再根据优先级：
①逻辑运算 !0 的结果为 1，得表达式 (5>3)&&'a' ‖(5<(4-1))。②关系运算 5>3 的结果为 1，得表达式 1&&'a'‖(5<3)。③关系运算 5<3 的结果为 0，得表达式 1&&'a'‖0。④逻辑运算 1&&'a' 的结果为 1，得表达式 1‖0。⑤逻辑运算 1‖0 的结果为 1，即整个表达式的计算结果为 1。

逻辑表达式的特性：在计算逻辑表达式时，只有在必须执行下一个表达式才能求解时，才求解该表达式，即并不是所有的表达式都被求解。

① 逻辑与（&&）运算表达式中，只要前面有一个表达式被判定为"假"，系统不再判定或求解其后的表达式，整个表达式的值为 0。

例如，对于逻辑表达式 a&&b&&c，当 a=0 时，表达式的值为 0，不必计算判断 b、c；当 a=1、b=0 时，表达式的值为 0，不必计算判断 c；只有当 a=1、b=1 时，才判断 c。

② 逻辑或（‖）运算表达式中，只要前面有一个表达式被判定为"真"，系统不再判定或求解其后的表达式，整个表达式的值为 1。

例如，对于逻辑表达式 a‖b‖c，当 a=1（非 0）时，表达式的值为 1，不必计算判断 b、c；当 a=0 时，才判断 b，如 b=1，则表达式的值为 1，不必计算判断 c；只有当 a=0、b=0 时，才判断 c。

【例2.16】已知"int a=1,b=2,c=3,d=4"，计算表达式a>b&&c>d的值。

计算该表达式的值等价于计算(a>b)&&(c>d)。对于a>b，其值为0，即逻辑与运算符"&&"前面的表达式被判定为"假"，所以不再对其后的表达式求解，整个表达式的值为0。

2.7.5　条件运算符和条件表达式

条件运算符由"?"和":"构成，用于连接三个运算对象，称为三目运算符。用条件运算符连接起来的表达式称为条件表达式。其一般形式为：

表达式1?表达式2:表达式3

条件表达式的值及其运算规则：先求解表达式1的值，若表达式1的值非0（真），则表达式2的值为整个条件表达式的值；否则，表达式3的值为整个条件表达式的值。条件表达式的执行流程如图2-4所示。

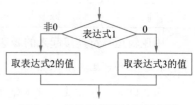

图2-4　条件运算符的运算规则

例如：

a<=0?-1:1：如果a的值小于等于0，则表达式的值为-1，否则为1。

m==n?a:b：如果m和n的值相等，则表达式的值为a的值，否则为b的值。

u==v?(z−x):(z−y)：假设u=1、v=2、x=3、y=4、z=5，则u==v为假，表达式的值为(z−y)的值，即表达式的值为1。

条件运算符与其他运算符的优先次序：单目运算符 → 算术运算符 → 关系运算符 → 逻辑运算符 → 条件运算符 → 赋值运算符 → 逗号运算符。

条件运算符的结合性为自右至左。

【例2.17】设整型变量a=1、b=2、c=3、d=4、m=1、n=1，判断表达式(a+d==b+c)?(m=a>b):(n=c>d)经过计算之后，m和n的值有无变化。

因表达式(a+d==b+c)，其值为真，所以表达式(a+d==b+c)?(m=a>b):(n=c>d)的值为(m=a>b)，对于a>b，其值为0，所以m的值为0，整个表达式的值为0。表达式(n=c>d)没有被计算，n的值仍为1。

2.7.6　逗号运算符和逗号表达式

","称为逗号运算符。用","运算符将表达式连接起来的表达式称为逗号表达式。其一般形式为：

表达式1,表达式2,…,表达式n

逗号表达式的求解过程是：先求解表达式1的值，再求解表达式2的值，一直到求解表达式n的值，而整个逗号表达式的值是表达式n的值。

例如，逗号表达式55+8,7+9,10−5的值为5，即为最后一个表达式的值。

逗号运算符的优先级是所有运算符中最低的，其结合性方向为自左至右。

【例2.18】已知"int a=5,b=3;"，在表达式d=(c=a++,c++,b*=a*c,b/=a*c)中，求d的值。

对于该逗号表达式，先计算第一个表达式c=a++得出c值为5，a值为6；计算第二个表达式c++后，c值为6；计算第三个表达式b*=a*c后，b值为108；计算第四个表达式b/=a*c后，b值为3。整个括号内逗号表达式的值为3，赋值给变量d，因此，d的值为3。

关于逗号表达式的说明和注意事项如下：

① 逗号表达式又可以和另一个表达式组成一个新的逗号表达式。例如，逗号表达式 (a=6,3*a),a+10 中，表达式 1 是 (a=6,3*a)，表达式 2 是 a+10，先将 6 赋值给 a，再计算 3*a 得 18，a 的值不变，最后计算 a+10，得 16，整个表达式的值是 16。

② 并不是在所有出现逗号的地方都组成逗号表达式。例如，语句 int a,b,c; 中的逗号仅仅起变量之间间隔符的作用。

2.7.7　强制类型转换运算符

整型、实型和字符型数据可以进行混合运算，字符型数据与整型数据可以通用。当表达式中的数据类型不一致时，首先把不同类型的数据转换为同一类型的数据，然后再进行运算。数据类型转换的方法有两种：一种是系统自动转换；另一种是在程序中强制转换。

1. 自动类型转换

自动类型转换的规则是，若为字符型必须先转换成整型，即其对应的 ASCII 码；若为单精度型必须先转换成双精度型；若运算对象的类型不相同，将低精度类型转换成高精度类型。精度从低到高的顺序是 int→unsigned→long→double。归纳起来自动类型转换的规则如图 2-5 所示。

例如，有如下定义：

```
int i;
float f;
double d;
long int k;
```

运算 55+'a'+i*f-d/k 时，转换步骤如下：

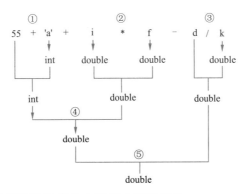

运算过程中，这些类型的转换都是由系统自动进行的。

2. 强制类型转换运算符

强制类型转换运算符就是"()"，它是单目运算符，它把表达式的运算结果强制转换成圆括号中类型说明符所指定的类型。其一般形式为：

```
(类型说明符)(表达式)
```

例如：

```
(int)(a+b)        /* 将表达式a+b的值转换成整型(强制类型转换的操作数是a+b) */
```

```
(int)a+b                  /* 将变量a转换成整型再与b相加(强制类型转换的操作数是a) */
(float)c/4                /* 将变量c转换成单精度实型再与4相除(强制类型转换的操作数是c) */
```

假设实型变量a、b的值分别为12.2和32.6，整型变量c的值为10，求表达式(int)(a+b)的值，就是把a+b的计算结果44.8转换成int型，表达式的值是44；求表达式(float)c/4的值，就是把变量c的值转换成float型10.0再与4相除，表达式的值是2.5。

值得注意的是：无论是自动类型转换还是强制类型转换，类型转换的结果是一个指定类型的中间值，而原来变量的类型并没有改变。

2.8　C语言的基本语句

视频

C语言的基本
语句

语句一般可划分为表达式语句、函数调用语句、空语句、控制语句和复合语句五类。

1. 表达式语句

在各种表达式的末尾加上一个分号，就构成一个表达式语句。其一般形式为：

```
表达式；
```

例如：

```
a+b;
```

2. 函数调用语句

由一个函数调用加一个分号，就构成函数调用语句。其一般形式为：

```
函数名(参数表)；
```

例如：

```
printf("This is a C language!");
```

3. 空语句

仅由一个分号构成的语句，就是空语句。其一般形式为：

```
;
```

空语句在语法上占据一个语句的位置，但是它不具备任何操作功能。

4. 控制语句

控制语句的作用是在程序中完成特定的控制功能。例如，if、switch、for、while、do...while、break、continue、goto、return九种控制语句。

5. 复合语句

用一对花括号括起来的若干条语句称为复合语句。复合语句在语法上相当于一条语句。其一般形式为：

```
{ 语句组 }
```

例如：

```
{   a=3;                      /* 赋值语句 */
    printf("a=%d\n",a);       /* 函数调用语句 */
}
```

需要注意的是，在最后的花括号"}"外不能加分号。

2.9 数据的输入与输出

C语言没有专门的输入/输出语句，输入/输出的操作是通过调用库函数来实现的，它们的函数原型在头文件stdio.h。因此，在程序开始使用#include命令包含头文件。

视频

数据的输入
与输出

2.9.1 字符输入/输出函数

1. 字符输出函数

字符输出putchar()函数，其调用的一般形式为：

```
putchar(c);
```

putchar()函数的作用是向标准输出设备输出一个字符。c可以是一个字符变量、字符常量、整型变量、整型常量或转义字符。

【例2.19】putchar()函数的应用示例。

```
#include <stdio.h>              /* 程序需要使用C语言提供的库函数 */
int main()
{   char c;                     /* 定义c为字符型变量 */
    c='W';                      /* 将字符W赋给字符变量c */
    putchar(c);                 /* 输出字符变量c的值 */
    putchar('E');               /* 输出字符常量E */
    return 0;
}
```

程序运行结果：

```
WE
```

思考：如果在上述每一个putchar();语句的后面再加一个putchar('\n');语句，那么输出的结果有无变化？

2. 字符输入函数

字符输入getchar()函数，其调用的一般形式为：

```
getchar();
```

getchar()函数的作用是从终端上接收一个字符。getchar()函数是一个无参函数，但进行调用时，后面的括号不能省略。该函数把从终端上接收的字符的ASCII码值作为其返回值。另外，在输入时，空格键（即【Space】键）、回车符（即【Enter】键）等都作为字符输入，而且，只有在按回车键时，读入才开始执行。

【例2.20】从键盘上输入一个字符，并在屏幕上显示。

```
#include <stdio.h>
int main()
{   char c;
    printf("input a character:");
    c=getchar();        /* 从键盘上输入一个字符，并将其ASCII码值赋值给字符变量c */
    putchar(c);         /* 在屏幕上输出字符变量c的值 */
    return 0;
}
```

程序运行结果:

```
input a character:x↙
x
```

2.9.2 格式输出函数

格式输出函数printf()的功能是按照格式控制字符串所指定的输出格式，把各输出项的值在显示器上输出。其调用的一般形式为：

```
printf("格式控制字符串",输出项列表);
```

（1）输出项列表

输出项列表可以是0个，或多个输出项，多个输出项之间用"，"分隔。

（2）格式控制字符串

格式控制字符串是一个用双引号括起来的字符串，用于指定输出项列表的输出格式，它有两种使用形式。

① 当输出项列表为0个时，按原样输出"格式控制字符串"的内容。

例如，在例1.1中的语句：printf("Let's study the C language!\n");

原样输出字符串之后换行：Let's study the C language!

② 当输出项列表为多个时，按"格式控制字符串"的指定格式输出"输出项列表"的值。这时格式控制字符串由"%"和格式说明字符组成，每个格式说明字符都应该有一个输出项与它对应，其作用是将对应的输出项转化为指定的格式输出。例如：

```
printf("x=%d\n",55+3);
```

双引号中的x=被原样输出，%d的d是格式说明字符，表示以整型格式输出对应的输出项"55+3"的值58，"\n"用于换行。

【例2.21】分析下面程序的运行结果。

```
#include <stdio.h>
int main()
{   int x=12,y=55;
    printf("output data:\n");    /* 原样输出output data:之后换行 */
    printf("%d\n",x);            /* 按整型格式输出变量x的值后换行 */
    printf("y=%d\n",y);          /* 原样输出y=，并按整型格式输出y的值后换行 */
    printf("x=%d,y=%d",x,y);     /* 原样输出x=、和y=，并按整型格式输出x、y的值 */
    return 0;
}
```

程序运行结果:

```
output data:
12
y=55
x=12,y=55
```

printf()函数的格式控制字符及其说明见表2-7，printf()函数的附加格式控制字符及其说明如表2-8所示。

表 2-7　printf() 函数的格式控制字符及其说明

格 式 符	功　　能
d	输出带符号的十进制整数
o	输出无符号的八进制整数
x、X	输出无符号的十六进制整数
u	输出无符号的十进制整数
c	输出单个字符
s	输出一串字符
f	输出实数（隐含 6 位小数）
e、E	以指数形式输出实数（隐含 6 位小数）
g、G	选择 f 和 e 格式中输出宽度较小的格式输出，且不输出无意义的 0

表 2-8　printf() 函数的附加格式控制字符及其说明

附加格式说明符	功　　能
–	数据左对齐输出，无 "–" 时默认为右对齐输出
m（m 为正整数）	数据输出宽度为 m，如果数据宽度超过 m，按实际输出
n（n 为正整数）	对于实数，n 是输出小数位数，对于字符串，n 表示输出前 n 个字符
l	ld 输出 long 型数据，lf、le 输出 double 型数据
h	用于格式符 d、o、u、x 或 X，表示对应的输出项是短整型
0	输出数值时指定左面不使用的空格位置自动填 0

下面举例说明 printf() 函数常用的格式控制字符的使用。

① d 格式字符用来输出十进制整数，有以下用法：

%d：按整数的实际位数输出一个整数。

%md：在 m 列的位置上以数据右对齐的方式输出一个整数，m 大于整数的宽度时多余的位数空格留在数据前面，m 小于整数的宽度时 m 不起作用，系统正确输出该整数。

%-md：在 m 列的位置上以数据左对齐的方式输出一个整数，m 大于整数的宽度时多余的位数空格留在数据后面，m 小于整数的宽度时 m 不起作用，系统正确输出该整数。

【例 2.22】十进制整数的输出应用示例。

```
#include <stdio.h>
int main()
{    int x=123;
    printf("%d\n",x );
    printf("%6d\n",x);
    printf("%2d\n",x);
    printf("%-6d\n",x);
    printf("%06d\n",x);
    return 0;
}
```

程序运行结果：

```
123
⊔⊔⊔123
123
123⊔⊔
000123
```

程序运行结果中的字符"⊔"表示空格。

②c格式符用来输出一个字符，有%c、%mc、%-mc等用法。

【例2.23】字符型数据的输出应用示例。

```
#include <stdio.h>
int main()
{    char c='a';                /* 定义c为字符型变量，并将'a'赋给变量c */
     printf("%d%5c\n",c,c);     /* 分别以整数和字符格式输出变量c的值 */
     return 0;
}
```

程序运行结果：

```
97⊔⊔⊔⊔a
```

③s格式符用来输出一个字符串，有%s、%ms、%-ms、%m.ns、%-m.ns等用法。

%m.ns：在m列的位置上输出一个字符串的前n个字符，m>n时，多余的位数空格留在字符串前面，m<n时，m不起作用，系统正确输出字符串的前n个字符。

%-m.ns：在m列的位置上输出一个字符串的前n个字符，m>n时，多余的位数空格留在字符串后面，m<n时，m不起作用，系统正确输出字符串的前n个字符。

【例2.24】字符串的输出应用示例。

```
#include <stdio.h>
int main()
{    printf("%s,%8s,%3s","China","China","China");
     printf("%7.2s,%.4s,%-5.3s\n","China","China","China");
     return 0;
}
```

程序运行结果：

```
China,⊔⊔⊔China,China⊔⊔⊔⊔⊔Ch,Chin,Chi⊔⊔
```

程序中，格式说明"%.4s"，即指定了n，没有指定m，自动使m=n=4，故占4列。

④f格式符用来输出实数（包括单精度、双精度），以小数形式输出。有以下用法：

%f：不指定字段宽度，由系统自动指定，使整数部分全部输出，并输出6位小数。应当注意，在输出的数字中并非全部数字都是有效数字。单精度实型数据的有效位数一般为6、7位。

%m.nf：在m列的位置上输出一个实数，保留n位小数，系统自动对数据进行四舍五入的处理。m大于实数总宽度时，多余的位数空格留在数据前面，m小于实数总宽度时，m不起作用，系统正确输出该实数。

%-m.nf：在 m 列的位置上输出一个实数，保留 n 位小数，系统自动对数据进行四舍五入的处理。m 大于实数总宽度时，多余的位数空格留在数据后面，m 小于实数总宽度时，m 不起作用，系统正确输出该实数。

【例 2.25】实型数据的输出应用示例。

```
#include <stdio.h>
int main()
{   double f=123.456;            /* 定义f为双精度实型变量，并给f赋值 */
    printf("f=%f,f=%10f,f=%10.2f,f=%.2f,f=%-10.2f\n",f,f,f,f,f);
    return 0;
}
```

程序运行结果：

```
f=123.456000,f=123.456000,f=␣␣␣123.46,f=123.46,f=123.46␣␣␣
```

2.9.3　格式输入函数

格式输入函数 scanf()，其调用的一般形式为：

```
scanf("格式控制字符串",输入项地址列表);
```

其作用是按“格式控制字符串”中规定的格式，从键盘上输入各输入项的数据，并依次赋给各输入项。

“输入项地址列表”是由若干个变量的地址组成，它们之间用“,”隔开。变量的地址可由取地址运算符“&”得到。例如：

```
int x,y;
scanf("%d %d",&x,&y);            /* &x、&y表示变量x、y的地址 */
```

如果各格式控制字符之间没有其他字符，则在输入数据时，两个数据之间用空格键、Tab键或回车键来分隔，一般使用的分隔符为“,”。如果各格式控制字符之间包含有其他字符，则在输入数据时，应输入与这些字符相同的字符作为间隔。例如，假设要给整型变量 a、b 赋值 25、-56，scanf() 函数采用以下形式：

```
scanf("%d%d",&a,&b);            /* 数据间无任何间隔 */
```

则用以下三种方式输入数据都是合法的：

```
25␣-56↙                         /* 输入数据之间用空格键作为分隔 */

25（按Tab键）-56↙                /* 输入数据之间用Tab键作为分隔 */

25↙                             /* 输入数据之间用回车键作为分隔 */
-56↙
```

关于格式输入函数的几点说明：

① 在使用 scanf() 函数时，往往先用 printf() 函数在屏幕上输出提示信息，提示要输入的信息项。

【例 2.26】提示输入的信息项示例。

```
#include <stdio.h>
int main()
```

```
{   int a,b,c;
    printf("input a,b,c:");
    scanf("%d,%d,%d",&a,&b,&c);
    printf("a=%d,b=%d,c=%d\n",a,b,c);
    return 0;
}
```

程序运行结果：

```
input a,b,c:35,45,55↙
a=35,b=45,c=55
```

② 在用"%c"格式输入字符时，所有输入的字符都作为有效字符。

【例2.27】对下列程序，从键盘上输入相应的字符数据，对运行结果进行分析。

```
#include <stdio.h>
int main()
{   char c1,c2,c3;
    printf("input c1,c2,c3:");
    scanf("%c%c%c",&c1,&c2,&c3);
    printf("output:c1=%c, c2=%c, c3=%c\n",c1,c2,c3);
    return 0;
}
```

以下是三种输入方式的运行结果：

```
input c1,c2,c:abc↙
output:c1=a, c2=b, c3=c
```

```
input c1,c2,c3:a bc↙
output:c1=a, c2= , c3=b
```

```
input c1,c2,c3:ab,c↙
output:c1=a, c2=b, c3=,
```

③ 可以通过指定输入数据的宽度分隔输入数据。用十进制整数指定输入数据的宽度，表示该输入项最多可输入的字符个数。如遇空格或不可转换的字符，读入的字符将减少。例如：

```
scanf("%4d%3d%4d",&a,&b,&c);
```

如果运行时从键盘上输入：200808082008，则把2008赋给a，080赋给b，8200赋给c。

▌2.10 顺序结构程序设计

顺序结构是结构化程序的三种结构之一，是三种结构中最简单、最常见的一种程序结构。特点是：顺序结构中的语句是按照书写的先后顺序执行的，每个语句都会被执行到，并且只能执行一次。

【例2.28】输入圆锥体的底面半径和高，求圆锥体的体积、侧面积。

已知底面半径r和高h，求圆锥体的体积v和侧面积s，可以使用下面的公式：

● 视频

顺序结构程序设计

$$v=\pi r^2 h/3, \quad s=\pi r\sqrt{r^2+h^2}$$

其中，涉及 4 个变量 r、h、v、s。由于 C 语言基本字符集中没有包含 π 符号，所以编程序时不能直接使用它。可设置一个变量 PI，并用 #define 将它定义为 3.14159，这样程序中使用 PI 就等价于使用 3.14159。用流程图和 N-S 图描述的算法，如图 2-6 所示。（为节省篇幅，从本章开始我们将省略流程图和 N-S 图中的开始和结束部分。）

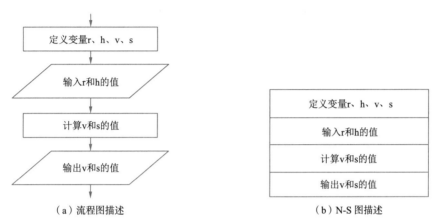

图 2-6 例 2.28 的流程图和 N-S 图描述

基于图 2-6 所描述的算法编写的程序如下：

```c
#include <stdio.h>                    /* 编译预处理命令 */
#include <math.h>                     /* 将数学函数头文件包含进来 */
#define PI 3.14159                    /* 宏定义PI的值为3.14159 */
int main()
{   float r,h,v,s;                    /* 定义r、h、v、s为单精度实型变量 */
    printf("input r and h:");         /* 提示用户输入r和h的值 */
    scanf("%f,%f",&r,&h);             /* 从键盘输入r和h的值 */
    v=PI*r*r*h/3;                     /* 求圆锥体的体积v */
    s=PI*r*sqrt(r*r+h*h);            /* 求圆锥体的侧面积s */
    printf("v=%7.3f,s=%7.3f\n",v,s);  /* 输出圆锥体的体积v和侧面积s */
    return 0;
}
```

程序运行结果：

```
input r and h:2.0,5.0↙
v=␣20.944,s=␣33.836
```

【例 2.29】输入三角形的三条边长，求三角形的面积（假定输入的三条边长能构成三角形）。

已知三角形的三条边长 a、b、c，求三角形面积 s，可以用以下海伦公式：

$$p=\frac{1}{2}(a+b+c), \quad s=\sqrt{p(p-a)(p-b)(p-c)}$$

用流程图和 N-S 图描述的算法如图 2-7 所示。

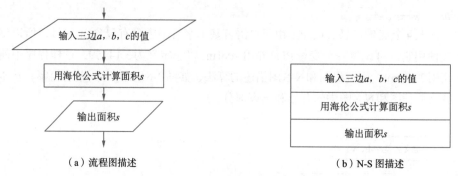

（a）流程图描述　　　　　　　　　（b）N-S图描述

图 2-7　例 2.29 的流程图和 N-S 图描述

基于图2-7所描述的算法编写的程序如下：

```
#include <stdio.h>                       /* 编译预处理命令 */
#include <math.h>                        /* 将数学函数头文件包含进来 */
int main()
{   float a,b,c,p,s;                     /* 定义a、b、c、p、s为单精度实型变量 */
    printf("input a,b,c:");              /* 提示用户输入a、b、c的值 */
    scanf("%f,%f,%f",&a,&b,&c);          /* 从键盘上输入三边a、b、c的值 */
    p=0.5*(a+b+c);                       /* 引进中间变量p */
    s=sqrt(p*(p-a)*(p-b)*(p-c));         /* 用海伦公式计算三角形的面积s */
    printf("s=%6.2f\n",s);               /* 输出三角形的面积s */
    return 0;
}
```

程序运行结果：

```
input a,b,c:3,4,5↙
s=␣␣6.00
```

思考：如果例题改为已知三角形的三条边长 $a=3$、$b=4$、$c=5$，求三角形面积，程序将如何改动？

2.11　程序举例

【例2.30】输入一个大写字母，求对应的小写字母及它的相邻字母。

视频

程序举例

```
#include <stdio.h>
int main()
{   char c,x,y,z;                          /* 定义c、x、y、z为字符型变量 */
    printf("input a capital letter:");     /* 提示用户输入一个大写字母 */
    c=getchar();                           /* 从键盘输入一个大写字母 */
    x=c+32;                                /* 将大写字母转换为小写字母 */
    y=c-1;                                 /* 求大写字母的前一个字母 */
    z=c+1;                                 /* 求大写字母的后一个字母 */
    printf("%c%3c%3c%3c\n",c,x,y,z);       /* 输出c、x、y、z的值 */
    return 0;
}
```

程序运行结果：

```
input a capital letter:E↙
E    e    D    F
```

从附录 A 中的 ASCII 码对照表中可以看到，每一个大写字母比它相应的小写字母的 ASCII 码值小 32，即'E'-32 会得到小写字母 e 的 ASCII 码值 101。

【例 2.31】从键盘输入 a、b 的值，输出交换以后的值。

在计算机中不能只写下面两个赋值语句交换变量 a 和 b 的值：

```
a=b; b=a;
```

因为当执行第一个赋值语句后，变量 b 的值覆盖了变量 a 原来的值，即 a 的原值已经丢失，
再执行第二个赋值语句就无法达到将两个变量的值相互交换的目
的。为此，将借助于中间变量 t 保存 a 的原值，交换过程用连续
3 个赋值语句实现：

```
t=a; a=b; b=t;
```

执行 t=a 后，将 a 的值保存在 t 中；再做 a=b，即将 b 的值
赋给 a；最后用 b=t，将 t 中保存的 a 的原值赋给 b。其过程如
图 2-8 所示。

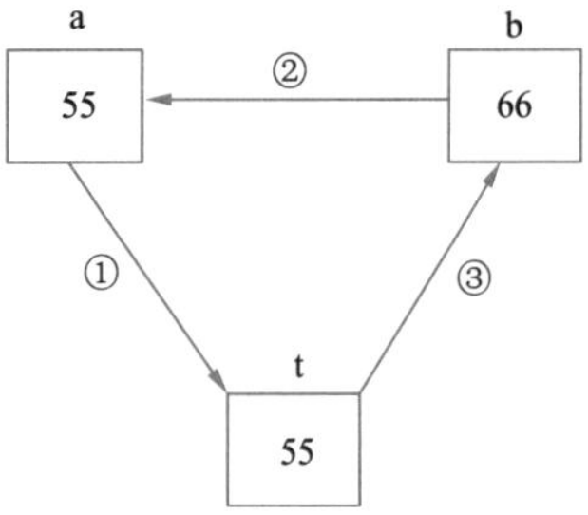

图 2-8　程序执行过程

程序如下：

```
#include <stdio.h>                         /* 编译预处理命令 */
int main()
{   int a,b,t;                             /* 定义a、b、t为整型变量 */
    printf("input a,b:");                  /* 提示输入a、b的值 */
    scanf("%d,%d",&a,&b);                  /* 从键盘输入a、b的值 */
    printf("old data:a=%d  b=%d\n",a,b);   /* 输出变量a和b的原值 */
    t=a;                                   /* 将变量a的值赋值给变量t */
    a=b;                                   /* 将变量b的值赋值给变量a */
    b=t;                                   /* 将变量t的值赋值给变量b */
    printf("new data:a=%d  b=%d\n",a,b);   /* 输出变量a和b的新值 */
    return 0;
}
```

程序运行结果：

```
input a,b:55,66↙
old data:a=55  b=66
new data:a=66  b=55
```

【例 2.32】分析以下程序的运行结果。

```
#include <stdio.h>               /* 编译预处理命令 */
int main()
{   float f=5.75;                /* 定义单精度实型变量f，并将5.75赋给f */
    printf("(int)f=%d,f=%f\n",(int)f,f);
                                 /* 输出将f转换成整型后的值和f的值 */
```

```
    return 0;
}
```

程序运行结果：

```
(int)f=5,f=5.750000
```

f虽被强制转为int型，但只在运算过程中起作用，是临时的，而f本身的类型并没有改变。因此，(int)f的值为5（删去了小数），而f的值仍为5.75。

【例2.33】分析以下程序的运行结果。

```
#include <stdio.h>
int main()
{   int a=5,b=5,c,d;      /* 定义a、b、c、d为整型变量，同时给变量a、b赋值 */
    printf("a=%d,b=%d\n",a++,++b);   /* 先输出a的值，再对a进行自增；先对
                                         b进行自增，再输出b的值 */
    c=a++;                /* 变量a的值赋给变量c后，a加1 */
    d=++b;                /* 变量b的值加1后，赋值给变量d */
    printf("c=%d,d=%d\n",c,d);
    return 0;
}
```

程序运行结果：

```
a=5,b=6
c=6,d=7
```

【例2.34】分析下面程序的运行结果。

```
#include <stdio.h>
int main()
{   int x=1,y=1,z=1;
    printf("x=%d,y=%d,z=%d\n",x,y,z);
    printf("%d\t",x<y?y:x);
    printf("%d\t",x<y?++y:++x);
    printf("%d\n",z+=x<y?x++:y++);
    x=5;
    y=z=6;
    printf("x=%d,y=%d,z=%d\n",x,y,z);
    printf("%d\t",z>=(y>=x)?1:0);
    printf("%d\t",z>=y&&y>=x);
    printf("%d\t",x=2||0);
    printf("%d\n",!x);
    return 0;
}
```

程序运行结果：

```
x=1,y=1,z=1
1        2        2
```

```
x=5,y=6,z=6
1      1      1      0
```

小　结

本章是 C 语言的基础，首先介绍了 C 语言程序中使用的字符集、标识符、关键字、保留标识符、变量和常量等概念；其次介绍了基本数据类型定义方法及应用，基本数据类型的混合运算，基本运算符与表达式，基本运算符的优先级和结合性，基本输入/输出函数的格式和用法；最后介绍了 C 语言程序的基本语句以及顺序结构程序设计的基本方法。

习　题

一、单选题

1. 下列字符串可作为变量名的是（　　　）。

   A. _HJ   B. 9_student   C. long   D. LINE 1

2. 下列字符串不是变量的是（　　　）。

   A. _above   B. all   C. _end   D. #dfg

3. 若已定义 x 和 y 为 double 类型，则表达式 x=1,y=x+3/2 的值为（　　　）。

   A. 1   B. 2   C. 2.0   D. 2.5

4. 表达式 (double)(20/3) 的值为（　　　）。

   A. 6   B. 6.0   C. 2   D. 3

5. 已知 int a=15,b=240，则表达式 (a&&b)&&b||b 的结果是（　　　）。

   A. 0   B. 1   C. true   D. false

6. 若 x=3,y=z=4，则表达式 (z>=y>=x)?1:0 和表达式 z>=y&&y>=x 的值分别为（　　　）。

   A. 0，1   B. 1，1   C. 0，0   D. 1，0

7. 设 int x=1,y=1;，则表达式 (!x||y--) 的值是（　　　）。

   A. 0   B. 1   C. 2   D. -1

8. 下面程序的输出结果是（　　　）。

```
#include <stdio.h>
int main()
{   int a=-1,b=4,k;
    k=(++a<=0)&&!(b--<=0);
    printf("%d %d %d\n",k,a,b);
    return 0;
}
```

   A. 1 0 4   B. 0 0 4   C. 1 0 3   D. 0 0 3

9. 下面程序的输出结果是（　　　）。

```
#include <stdio.h>
```

```
int main()
{   int x;
    x=-3+4*5-6;
    printf("%d ",x);
    x=3+4%5-6;
    printf("%d ",x);
    x=-3*4%-6/5;
    printf("%d ",x);
    x=(7+6)%5/2;
    printf("%d",x);
    return 0;
}
```

  A. 11 1 0 1   B. 11 -3 2 1   C. 12 -3 2 1   D. 11 1 2 1

10. 下面程序的输出结果是（ ）。

```
#include <stdio.h>
int main()
{   int i,j;
    i=16;
    j=(i++)+i;
    printf("%d ",j);
    i=15;
    printf("%d %d",++i,i);
    return 0;
}
```

  A. 32 16 15   B. 33 15 15   C. 34 15 16   D. 34 16 15

二、填空题

1. C语言的基本数据类型有四类，分别为_____、_____、_____和_____。

2. 如果int a=2,b=3;float x=3.5,y=2.5;，则表达式(float)(a+b)/2+(int)x%(int)y的计算结果是_____。

3. 数学表达式10<x<100或x<0的C语言表达式是_____。

4. 表达式(!10>3)?2+4:1,2,3的值是_____。

5. 下面程序的输出结果是_____。

```
#include <stdio.h>
int main()
{   int i,j,m,n;
    i=10;
    j=10;
    m=++i;
    n=j++;
    printf("%d,%d,%d,%d",i,j,m,n);
    return 0;
}
```

6．下面程序的输出结果是_____。

```c
#include <stdio.h>
int main()
{   float x;
    int i;
    x=3.6;
    i=(int)x;
    printf("x=%f,i=%d",x,i);
    return 0;
}
```

7．下面程序的输出结果是_____。

```c
#include <stdio.h>
int main()
{   int x,y,z;
    x=3;
    y=z=4;
    printf("%d,",(x>=z>=x)?1:0);
    printf("%d\n",z>=y&&y>=x);
    return 0;
}
```

三、编程题

1．从键盘上输入两个实型数据，编程求它们的和、差、积、商。要求输出时，保留两位小数。

2．从键盘上输入一个梯形的上底 a、下底 b 和高 h，输出梯形的面积 s。要求使用实型数据进行计算。

第3章

选择结构程序设计

在解决实际问题的过程中，常常需要程序根据对某个特定条件的测试来决定下一步要进行的操作。解决这类问题需要使用选择结构程序设计。选择结构是构成程序的三种基本结构之一，其作用是根据所给的条件是否满足，决定从给定的两个或多个分支中，选择其中的某一个分支来执行。C语言中实现选择结构的语句有两种，即if语句和switch语句。

▎3.1 if 语 句

if语句又称分支语句，其有三种形式。

● 视频
if语句

3.1.1 if语句的三种形式

1. 第一种形式（单分支选择结构）

语句形式如下：

```
if(表达式)
    语句;
```

语句功能：首先计算表达式的值，若表达式的值为真（非0），则执行语句；否则直接执行if语句后面的语句。其流程图和N-S图描述如图3-1所示。

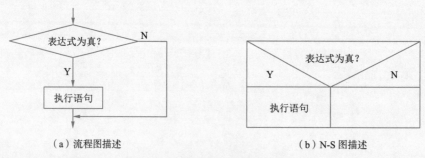

（a）流程图描述   （b）N-S 图描述

图 3-1 单分支选择结构的执行过程

【例3.1】任意输入两个整数，输出其中的大数。

算法可以用图3-2所示的流程图和N-S图描述。

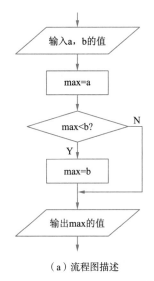

（a）流程图描述

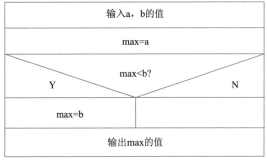

（b）N-S 图描述

图 3-2 例 3.1 的流程图和 N-S 图描述

基于图 3-2 所描述的算法编写的程序如下：

```c
#include <stdio.h>
int main()
{   int a,b,max;
    printf("Input a,b:");
    scanf("%d,%d",&a,&b);
    max=a;                      /* 把a的值赋给变量max */
    if(max<b)                   /* 如max<b，则把b的值赋给max */
        max=b;
    printf("max=%d\n",max);
    return 0;
}
```

程序运行结果：

```
Input a,b:5,3✓
max=5
```

本程序中，先把 a 的值赋予变量 max，再用 if 语句判断 max 和 b 值的大小，若 max 的值小于 b 的值，则把 b 的值赋给 max。因此，max 的值总是较大的数，最后输出 max 的值。

【例 3.2】输入一个成绩，当成绩≥60时，输出"Pass!"，否则什么都不输出。

```c
#include <stdio.h>
int main()
{   int score;
    printf("Input score:");
    scanf("%d",&score);
    if(score>=60)                       /* 若成绩≥60分，输出Pass! */
        printf("Pass!\n");
    return 0;
}
```

以下是两种输入方式的运行结果：

```
Input score:75↙
Pass!
```

```
Input score:55↙
                              /* 成绩小于60分，什么都不输出 */
```

2. 第二种形式（双分支选择结构）

语句形式如下：

```
if(表达式)
    语句1;
else
    语句2;
```

语句功能：首先计算表达式的值，若表达式的值为真（非0），则执行语句1，否则执行语句2。其流程图和N-S图描述如图3-3所示。

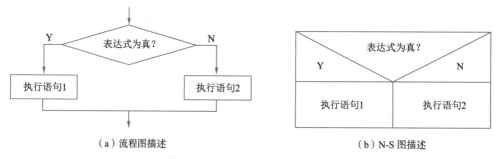

（a）流程图描述　　　　　　　　　　　（b）N-S图描述

图 3-3　双分支选择结构的执行过程

【例3.3】任意输入两个整数，输出其中的大数。

算法可以用图3-4所示的流程图和N-S图描述。

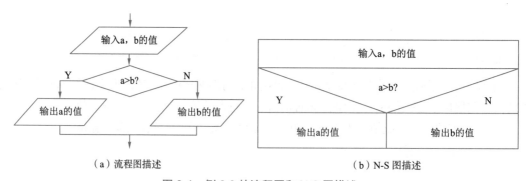

（a）流程图描述　　　　　　　　　　　（b）N-S图描述

图 3-4　例3.3的流程图和 N-S 图描述

基于图3-4所描述的算法编写的程序如下：

```
#include <stdio.h>
int main()
{    int a,b;
    printf("Input a,b=");
```

```
    scanf("%d,%d",&a,&b);
    if(a>b)
        printf("max=%d\n",a);          /* 若a>b，则输出a的值 */
    else
        printf("max=%d\n",b);          /* 若a≤b，则输出b的值 */
    return 0;
}
```

程序运行结果：

```
Input a,b=33,55↙
max=55
```

【例3.4】输入一个成绩，当成绩≥60时，输出"Pass!"，否则输出"Fail!"。

```
#include <stdio.h>
int main()
{   int score;
    printf("Input score:");
    scanf("%d",&score);
    if(score>=60)                      /* 若成绩≥60，则输出Pass! */
        printf("Pass!\n");
    else                               /* 若成绩<60，则输出Fail! */
        printf("Fail!\n");
    return 0;
}
```

程序运行结果：

```
Input score:75↙
Pass!

Input score:55↙
Fail!
```

3. 第三种形式（多分支选择结构）

当有多个分支选择时，可采用下列多分支选择结构。语句形式如下：

```
if(表达式1)
    语句1;
else if(表达式2)
    语句2;
…
else if(表达式n)
    语句n;
else
    语句n+1;
```

语句功能：首先计算表达式1的值，若表达式1的值为真（非0），则执行语句1，否则计算表达式2的值，若表达式2的值为真（非0），则执行语句2……所有的表达式的值都是0时，执

行语句 $n+1$。其流程图和 N-S 图描述如图 3-5 所示。

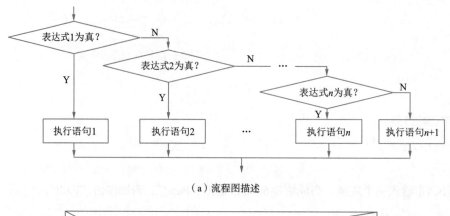

（a）流程图描述

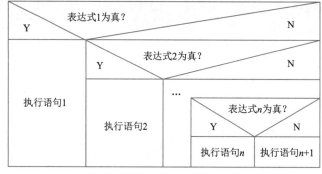

（b）N-S 图描述

图 3-5　多分支选择结构的执行过程

【例 3.5】输入一个成绩，当成绩 <60 时，输出 "Fail!"；当成绩在 60～69 之间时，输出 "Pass!"；当成绩在 70～79 之间时，输出 "Good!"；当成绩 ≥80 时，输出 "Very good!"。

算法可以用图 3-6 所示的流程图和 N-S 图描述。

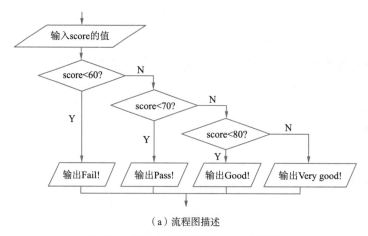

（a）流程图描述

图 3-6　例 3.5 的流程图和 N-S 图描述

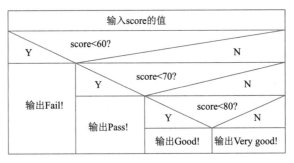

（b）N-S 图描述

图 3-6　例 3.5 的流程图和 N-S 图描述（续）

基于图 3-6 所描述的算法编写的程序如下：

```c
#include <stdio.h>
int main()
{   int score;
    printf("Input score:");
    scanf("%d",&score);
    if(score<60)                /* 若成绩<60,则输出Fail! */
        printf("Fail!\n");
    else if(score<70)           /* 若成绩<70,则输出Pass! */
        printf("Pass!\n");
    else if(score<80)           /* 若成绩<80,则输出Good! */
        printf("Good!\n");
    else                        /* 若成绩≥80,则输出Very good! */
        printf("Very good!\n");
    return 0;
}
```

程序运行结果：

```
Input score:55↙
Fail!

Input score:65↙
Pass!

Input score:95↙
Very good!
```

关于 if 语句的说明和注意事项如下：

① 表达式一般为关系表达式或逻辑表达式，在进行判断时，只要表达式的值不为 0，就认为是真。因此，表达式可以是任意类型的表达式。例如：

```c
if(c=getchar())            /* 等价于c=getchar()!=0 */
    printf("%c",c);
```

输入一个字符，赋给变量 c，只要输入的不是 0，就输出输入的字符。

② 当条件表达式是一个简单变量时，常用如下两种简化形式。

if(x!=0)可简化成 if(x)；

if(x==0)可简化成 if(!x)。

③ if语句中的"语句"从语法上讲只能是一条语句，而不能有多条语句。如果有多条语句，则要用花括号括起来组成一个复合语句。

【例3.6】任意输入两个整数，按从小到大的顺序输出这两个整数。

```c
#include <stdio.h>
int main()
{   int a,b,t;
    printf("input a,b=");
    scanf("%d,%d",&a,&b);
    if(a>b)
    {   t=a; a=b; b=t;   }         /* 若a>b，则将a和b互换，构成了一个复合语句 */
    printf("%d%5d\n",a,b);
    return 0;
}
```

程序运行结果：

```
input a,b=55,33↙
33    55
```

请分析：如果将程序中下面的语句改写成右侧的语句，结果将如何？

```
if(a>b)                              if(a>b)
{  t=a;a=b;b=t;  }    ⟹                t=a;a=b;b=t;
```

分析：当a=55、b=33时，执行后可得到a=55和b=33。而当a=33、b=55时，执行a>b为假，t=a不被执行，但a=b和b=t要执行，若t没有赋过值，会出错。

3.1.2 if语句的嵌套

在if语句中又包含一个或多个if语句，称为if语句的嵌套。其一般形式如下：

```
if(表达式1)
    if(表达式2)
        语句1;                    ⎫
    else                         ⎬  内嵌的if语句
        语句2;                    ⎭
else
    if(表达式3)
        语句3;                    ⎫
    else                         ⎬  内嵌的if语句
        语句4;                    ⎭
```

if语句的嵌套流程图和N-S图描述如图3-7所示。

if语句的嵌套层数没有限制，可以形成多重嵌套。在if语句的嵌套中要注意if与else的配对关系，避免引起逻辑上的错误。在嵌套的if语句中，if与else的配对规则为：else总是与它上面最近的尚未与else配对的if配对。例如：

```
if(表达式1)
    if(表达式2)
        语句1;
    else
        if(表达式2)
            语句2;
```
⎫
⎬ 内嵌的if语句
⎭

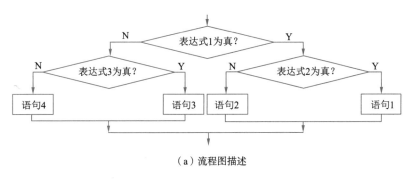

（a）流程图描述

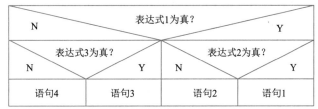

（b）N-S图描述

图 3-7 多分支选择结构的执行过程

一般情况下，可以通过加花括号来确定或改变配对关系。例如：针对上述嵌套语句，可以加花括号改变if与else的配对关系。

```
if(表达式1)
{   if(表达式2)
        语句1;
}
else
    语句2;
```
⎫
⎬ 内嵌的if语句
⎭

【例3.7】修改例3.4，排除不可能的分数。

例3.4并不是一个完整的程序，它要求输入的分数应该是0~100之间，否则不能给出正确结果。例如，输入-5或101，都将被认为是不正确的。使用嵌套的if语句，则可以排除不可能的分数。

```
#include <stdio.h>
int main()
{   int score;
    printf("Input score:");
    scanf("%d",&score);
    if(score>=0 && score<=100)          /* 判断输入的成绩是否在0~100之间 */
```

```
        if(score>=60)                /* 若成绩≥60分，则输出Pass！ */
            printf("Pass!\n");
        else                         /* 若成绩<60分，则输出Fail！ */
            printf("Fail!\n");
    else
        printf("Error score!\n");    /* 若成绩不在0～100之间，提示输入数据有误 */
    return 0;
}
```

程序运行结果：

```
Input score:75↙
Pass!
```

```
Input score:155↙
Error score!
```

前面介绍的很多程序都未对输入的数据是否符合实际情况进行判断，这其实不是一种好的程序设计思想。好的程序设计者应该了解所有被处理的数据的范围，如果用户输入的数据不在正确范围内，程序应该提示用户输入数据有误。

【例3.8】有一分段函数：

$$y=\begin{cases} -x & (x<0) \\ 2x-10 & (0\leqslant x<2) \\ 3x+5 & (x\geqslant 2) \end{cases}$$

编写程序，要求输入一个 x 值，根据 x 的值，输出 y 的值。

算法可以用图3-8所示的流程图和N-S图描述。

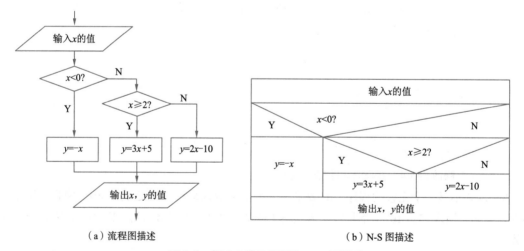

（a）流程图描述   （b）N-S图描述

图 3-8　例 3.8 的流程图和 N-S 图描述

基于图3-8所描述的算法编写的程序如下：

```
#include <stdio.h>
#include <math.h>
int main()
```

```
{   float x,y;
    printf("Input x=");
    scanf("%f",&x);
    if(x<0)
        y=-x;                       /* 若x<0，则y=-x */
    else
        if(x>=2)
            y=3*x+5;                /* 若x≥2，则y=3x+5 */
        else
            y=2*x-10;               /* 若0≤x<2，则y=2x-10 */
    printf("x=%.2f,y=%.2f\n",x,y);
    return 0;
}
```

程序运行结果：

```
Input x=-3.0✔
x=-3.00,y=3.00

Input x=8.0✔
x=8.00,y=29.00
```

3.2　switch 语句

if语句，常用于两种情况的选择结构，要表示两种以上条件的选择结构，则要用if语句的嵌套形式，但如果嵌套的if语句过多，程序则会变得冗长且可读性降低。在C语言中，可直接用switch语句来实现多种情况的选择结构。其一般形式如下：

```
switch(表达式)
{   case 常量1: 语句1;
    case 常量2: 语句2;
    case 常量3: 语句3;
    ...
    case 常量n: 语句n;
    [default: 语句n+1;]                /* 根据需要可有可无 */
}
```

switch语句的执行过程：首先计算表达式的值，并逐个与case后面的常量值相比较，当表达式的值与某个常量值相等时，即执行其后的语句，然后不再进行判断，继续执行后面所有case后面的语句。如表达式的值与所有case后面的常量值均不相等时，则执行default后面的语句。即：根据switch后面表达式的值找到匹配的入口处，就从此入口处开始执行下去，不再进行判断。

switch语句的执行过程如图3-9所示。

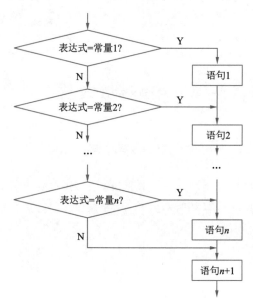

图 3-9 switch 语句的执行过程

例如：

```
switch(class)
{   case 'A': printf("GREAT!\n");
    case 'B': printf("GOOD!\n");
    case 'C': printf("OK!\n");
    case 'D': printf("NO!\n");
    default: printf("ERROR!\n");
}
```

请比较以下三种输出结果：

① 若class的值为'C'，则输出的结果是：

```
OK!
NO!
ERROR!
```

② 若class的值为'D'，则输出的结果是：

```
NO!
ERROR!
```

③ 若class的值为'F'，则输出的结果是：

```
ERROR!
```

关于switch语句的说明和注意事项如下：

① switch后面圆括号内的表达式以及case后面的常量值必须为整型、字符型或枚举类型，并且每个case后面常量的类型应该与switch后面圆括号内表达式的类型一致。

② case后面常量的值必须互不相同，否则会出现相互矛盾的现象。

③ 多个case可以共用一组执行语句。例如：

```
switch(ch)
```

```
{   case 'A':
    case 'B':
    case 'C': printf(">=60\n");
}
```

该switch语句表示当ch的值为'A'、'B'、'C'时，都会执行printf(">=60\n"); 语句。

④ case和常量之间要有空格。

⑤ case和default可以出现在任何位置，其先后次序不影响执行结果，但习惯上将default放在switch...case结构的底部。

⑥ switch结构可以嵌套，即在一个switch语句中嵌套另一个switch语句，这时可以用break语句使流程跳出switch结构，但是要注意break只能跳出最内层的switch语句。例如：

```
int x=1,y=0;
switch(x)
{   case 1:
    switch(y)
    {   case 0: printf("x=1,y=0\n"); break;
        case 1: printf("y=1\n"); break;
    }
    case 2: printf("x=2\n");
}
```

程序运行结果：

```
x=1,y=0
x=2
```

3.3　程 序 举 例

【例3.9】从键盘上输入一个字符，请判断输入字符的种类，即判断它是数字字符、英文字符、空格或回车，还是其他字符。

算法可以用图3-10所示的流程图和N-S图描述。

视 频

程序举例

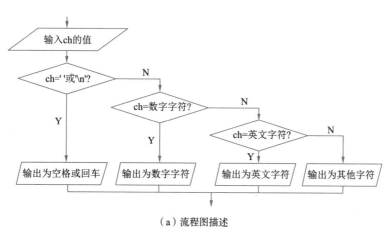

（a）流程图描述

图 3-10　例 3.9 的流程图和 N-S 图描述

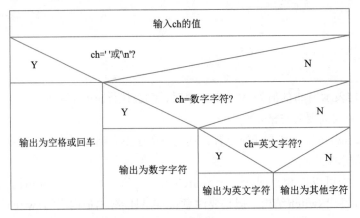

（b）N-S 图描述

图 3-10　例 3.9 的流程图和 N-S 图描述（续）

基于图 3-10 所描述的算法编写的程序如下：

```
#include <stdio.h>
int main()
{   char ch;
    printf("Input a character:");
    ch=getchar();
    if(ch==' '||ch=='\n')                              /* 输出空格或回车 */
        printf("This is a blank or enter.\n");
    else if(ch>='0'&&ch<='9')
            printf("This is a digit.\n");              /* 输出数值字符 */
        else if(ch>='A'&&ch<='Z'||ch>='a'&&ch<='z')
                printf("This is a letter.\n");         /* 输出英文字符 */
            else
                printf("This is another character.\n");/* 输出其他字符 */
    return 0;
}
```

程序运行结果：

```
Input a character:55✓
This is a digit.
```

```
Input a character:+✓
This is another character.
```

【例 3.10】编写一个程序，求一元二次方程 $ax^2+bx+c=0$ 的根。

一元二次方程的求根公式为：

$$x_{1,2}=\frac{-b\pm\sqrt{b^2-4ac}}{2a}$$

因此，程序必须根据系数 a、b、c 的各种可能的情况分别进行处理：

（1）当$a=0$时，不是二次方程。

（2）当$b^2-4ac>0$时，方程有两个不相等的实根；$b^2-4ac=0$时，有两个相等的实根；b^2-4ac <0时，有两个共轭复根。

根据上述分析，其算法可以用图 3-11 所示的 N-S 图描述。

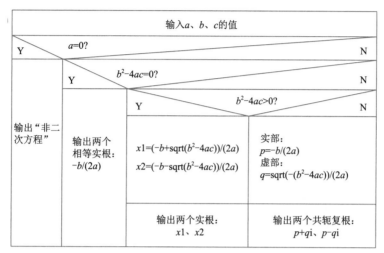

图 3-11 例 3.10 的 N-S 图描述

基于图 3-11 所描述的算法编写的程序如下：

```c
#include <stdio.h>
#include <math.h>
int main()
{   double a,b,c,d,p,q;
    double x1,x2;
    printf("input a,b,c=");
    scanf("%lf,%lf,%lf",&a,&b,&c);
    if(fabs(a)<=1e-6)            /* 若a=0，则非二次方程 */
        printf("input error!\n");
    else
    {   d=b*b-4*a*c;
        if(fabs(d)<=1e-6)       /* 若a≠0，b²-4ac=0，则方程有两个相的实根 */
            printf("x1=x2=%lf\n",-b/(2*a));
        else if(d>1e-6)         /* 若a≠0，b²-4ac>0，则方程有两个不相的实根 */
            {   x1=(-b+sqrt(d))/(2*a);
                x2=(-b-sqrt(d))/(2*a);
                printf("x1=%lf\tx2=%lf\n",x1,x2);
            }
        else                    /* 若a≠0，b²-4ac<0，则方程有两个共轭复根 */
        {   p=-b/(2*a);
            q=sqrt(-d)/(2*a);
            printf("x1=%lf+%lfi\tx2=%lf-%lfi\n",p,q,p,q);
```

```
            }
        }
    return 0;
}
```

程序运行结果：

```
input a,b,c=2,6,1↙
x1=-0.177124    x2=-2.822876
```

```
input a,b,c=1,3,5↙
x1=-1.500000+1.658312i  x2=-1.500000-1.658312i
```

```
input a,b,c=2,4,2↙
x1=x2=-1.000000
```

```
input a,b,c=0,0,1↙
input error!
```

由于实数在计算和存储时会有一些微小的误差，因此实数一般不能直接进行判断"相等"，而是判断接近或近似。因此，对于判断实数a、b、d是否等于0时，采用的办法是判别a、b、d的绝对值fabs(a)、fabs(b)、fabs(d)是否小于一个很小的数（如10^{-6}）。如果小于此数，就认为a、b、d等于0。

【例3.11】四则运算程序。用户输入两个运算量及一个运算符，输出运算结果。

首先输入参加运算的两个数和一个运算符，然后根据运算符号来做相应的运算，但是在做除法运算时，应判别除数是否为0，如果为0，运算非法，给出错误提示信息。如果运算符号不是+、-、*、/，则同样是非法的，也给出错误提示信息。其他情况，输出运算的结果。

根据上述分析，算法可以用图3-12所示的流程图描述。

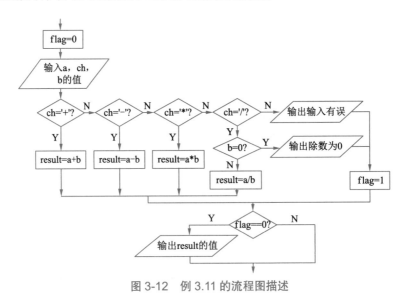

图3-12 例3.11的流程图描述

基于图3-12所描述的算法编写的程序如下：

```
#include <stdio.h>
int main()
```

```
{   float a,b,result;
    int flag;
    char ch;
    flag=0;                         /* 运算合法标志flag，置0为合法，置1为非法 */
    printf("input expressin:a(+、-、*、/)b\n");
    scanf("%f%c%f",&a,&ch,&b);
    switch(ch)                      /* 根据运算符来进行相关的运算 */
    {   case '+': result=a+b; break; /* 加法运算 */
        case '-': result=a-b; break; /* 减法运算 */
        case '*': result=a*b; break; /* 乘法运算 */
        case '/': if(!b)
                  {   printf("divisor is zero!\n"); /* 除数为0 */
                      flag=1;           /* 置运算合法标志flag为1 */
                      break;
                  }
                  else
                  {   result=a/b;
                      break;                /* 除法运算 */
                  }
        default: printf("input error!\n"); /* 显示非法运算符 */
        flag=1;                             /* 置运算合法标志flag为1 */
    }
    if(!flag)                               /* 若运算合法，则输出结果 */
        printf("%f%c%f=%f\n",a,ch,b,result);
    return 0;
}
```

程序运行结果：

```
input expressin:a(+、-、*、/)b
3+5↙
3.000000+5.000000=8.000000

input expressin:a(+、-、*、/)b
9/0↙
divisor is zero!

input expressin:a(+、-、*、/)b
55!66↙
input error!
```

▍小　　结

通过本章的学习，要熟练掌握if语句和switch语句的使用。注意正确使用if语句的三种形式以及嵌套的if语句。在使用switch语句时，一定要注意，case后的语句中没有break语句时，这些语句都将被顺序执行，而不会执行一条语句就跳出switch语句。

习　题

一、单选题

1. 判断字符型变量ch为大写字母的表达式是（　　　）。

　　A. 'A'<=ch<='Z'　　　　　　　　　　　　B. (ch>='A')&(ch<='Z')

　　C. (ch>='A')&&(ch<='Z')　　　　　　　D. (ch>='A')AND(ch<='Z')

2. 下面程序的输出结果是（　　　）。

```c
#include <stdio.h>
int main()
{   int x,y=1;
    if(y!=0)
        x=5;
    printf("%d\t",x);
    if(y==0)
        x=3;
    else
        x=5;
    printf("%d\t\n",x);
    return 0;
}
```

　　A. 1　3　　　　　　B. 1　5　　　　　　C. 5　3　　　　　　D. 5　5

3. 有以下程序，若从键盘上输入7，则输出结果是（　　　）。

```c
#include <stdio.h>
int main()
{   int x;
    scanf("%d",&x);
    if(x--<7)
        printf("x=%d\n",x);
    else
        printf("x=%d\n",x++);
    return 0;
}
```

　　A. x=6　　　　　　B. x=7　　　　　　C. x=8　　　　　　D. x=0

4. 下面程序的输出结果是（　　　）。

```c
#include <stdio.h>
int main()
{   int k=2;
    switch(k)
    {   case 1: printf("%2d",k++);
        case 2: printf("%2d",k++);
```

```
        case 3: printf("%2d",k++);
        case 4: printf("%2d",k++); break;
        default: printf("Full!\n");
    }
    return 0;
}
```

　　A. 2　　　　　　　　B. 2 3 4　　　　　C. 1 2 3 4　　　　　D. 2 3 4 5

5. 下面程序的输出结果是（　　　）。

```
#include <stdio.h>
int main()
{   int a=16,b=21,m=0;
    switch(a%3)
    {   case 0: m++; break;
        case 1: m++;
        switch(b%2)
        {   default: m++;
            case 0: m++; break;
        }
    }
    printf("m=%d\n",m);
    return 0;
}
```

　　A. m=2　　　　　　B. m=3　　　　　C. m=4　　　　　D. m=5

二、填空题

1. 下面程序的输出结果是_____。

```
#include <stdio.h>
int main()
{   int m=5;
    if(m++>5)
        printf("%d\n",m);
    else
        printf("%d\n",--m);
    return 0;
}
```

2. 下面程序的输出结果是_____。

```
#include <stdio.h>
int main()
{   int x=2,y=-1,z=2;
    if(x<y)
        if(y<0)
            z=0;
```

```
        else
            z+=1;
    printf("z=%d\n",z);
    return 0;
}
```

3. 下面程序的输出结果是_____。

```
#include <stdio.h>
int main()
{   int a=1,b=2,c=3;
    if(a==1&&b++==2)
        if(b!=2||c--!=3)
            printf("a=%d,b=%d,c=%d\n",a,b,c);
        else
            printf("a=%d,b=%d,c=%d\n",a,b,c);
    else
        printf("a=%d,b=%d,c=%d\n",a,b,c);
    return 0;
}
```

三、编程题

1. 编程判断输入的正整数是否既是5又是7的整数倍。若是，则输出 Yes；否则输出 No。

2. 编写求下面分段函数值的程序，其中 x 的值从键盘输入。

$$y=\begin{cases} x+1 & (x\leqslant 0) \\ 1 & (0<x\leqslant 1) \\ x & (x>1) \end{cases}$$

3. 设变量a、b、c分别存放从键盘输入的三个整数。编写程序，按从大到小的顺序排列这三个整数，使a成为最大的，c成为最小的，并且按序输出这三个整数。

4. 某班期中考试有三门功课，其中两门是主课，输入学生的学号和三门课的成绩，判断是否满足下列条件之一：①三门课总分>270分；②两门主课均在95分以上，另一门课不低于70分；③有一门主课100分，其他两门课不低于80分。输出满足条件学生的学号、三门课成绩及平均分。

5. 从键盘输入年号和月号，计算这一年的这一月有多少天。

第4章
循环结构程序设计

在解决实际问题的过程中，常常会遇到一些需要重复处理的问题。循环结构可用来处理需要重复处理的问题。循环结构是C语言程序中的三种基本结构之一。

4.1 循环的概念

在数值计算和很多问题的处理中都需要用到循环结构。例如，计算1～100的累加和sum，即计算sum=1+2+3+…+100，可以这样来考虑：首先设置一个累加器sum，其初值为0，利用sum=sum+i来计算（i依次取1,2,…,100），只要解决以下三个问题即可：

① 将i的初值置为1；

② 每执行1次sum=sum+i后，i值增1；

③ 当i增到101时，停止计算。

此时，sum的值就是1～100的累加和。

这种重复计算结构称为循环结构，C语言提供了while、do…while和for三种循环语句。

4.2 while 语句

while语句用来实现"当型"循环，其一般形式为：

```
while(循环条件表达式)
    循环体语句;
```

视频

while语句

在执行while语句时，先对循环条件表达式进行计算，若其值为非0（真），则反复执行循环体语句，直到循环条件表达式的值为0（假）时，循环结束，程序控制转至while语句的下一条语句。其执行过程如图4-1所示。

使用while语句时，应注意以下几个问题：

① 循环体语句可以是一条空语句、一条语句或一组语句。当循环体语句是一组语句时，则必须用花括号括起来，组成复合语句。例如，计算1～100的累加和sum的流程图和N-S图描述如图4-2所示。

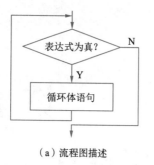

（a）流程图描述

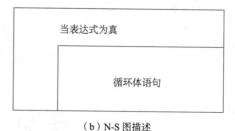

（b）N-S 图描述

图 4-1　while 语句的执行过程

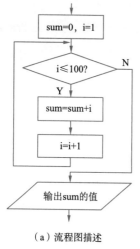

（a）流程图描述

（b）N-S 图描述

图 4-2　计算 1 ～ 100 累加和的流程图和 N-S 图描述

基于图 4-2 所描述的算法编写的程序如下：

```c
#include <stdio.h>
int main()
{   int i,sum;
    sum=0;                      /* 将sum的初值置为0 */
    i=1;                        /* 将i的初值置为1 */
    while(i<=100)               /* 若i≤100，则执行循环体语句 */
    {   sum=sum+i;              /* 将i进行累加 */
        i=i+1;                  /* i的值加1 */
    }
    printf("sum=%d\n",sum);
    return 0;
}
```

程序运行结果：

```
sum=5050
```

② 循环体内一定要有使表达式的值变为 0（假）的操作，否则循环将无限进行，即形成死循环。

③ while 语句的特点是"先判断，后执行"，如果循环条件表达式的值一开始就为 0，则循环体语句一次也不执行。例如，对于下面的语句：

```
while(i--)      /* i-- 等价于(i--)≠0 */
    printf("%d ",i);
```

如果变量 i 赋值 0 时，则一次也不执行循环体语句；如果变量 i 赋值 4 时，则其运行结果为：

```
3 2 1 0
```

【例 4.1】利用公式 $\dfrac{\pi}{4} = 1 - \dfrac{1}{3} + \dfrac{1}{5} - \dfrac{1}{7} + \dfrac{1}{9} - \cdots$ 求 π 的近似值，直到最后一项的绝对值小于 10^{-6} 为止。

本题仍为求累加和问题，因此，循环体中有 sum=sum+temp 这样的求累加和表达式。temp 为公式中的某一项，其特点是，分母为奇数，且相邻项符号相反，当 |temp|<10^{-6} 时，停止求累加和。π 的近似值 pi 可以表示为 pi=4*sum。算法可用图 4-3 所示的流程图和 N-S 图描述。

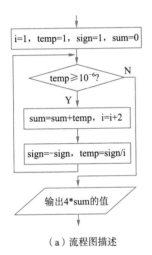
（a）流程图描述

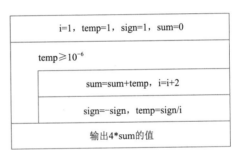
（b）N-S 图描述

图 4-3　例 4.1 的流程图和 N-S 图描述

基于图 4-3 所描述的算法编写的程序如下：

```c
#include <stdio.h>
#include <math.h>
int main()
{   int sign=1;
    float i=1,temp=1,sum=0;
    while(fabs(temp)>=1e-6)          /* 设置循环条件 */
    {   sum=sum+temp;                /* 对temp进行累加 */
        i=i+2;                       /* i值加2得到下一个奇数 */
        sign=-sign;                  /* 相邻项符号取反 */
        temp=sign/i;                 /* 计算公式中的某一项temp */
    }
    sum=4*sum;
    printf("pi=%8.6f\n",sum);
```

```
      return 0;
  }
```

程序运行结果：

```
pi=3.141594
```

通过该例题希望大家掌握正负相间循环问题的处理方法。这里的sign是每一项的符号，循环体内的语句sign=-sign，表示每循环一次改变一次符号。sign的初值等于1，循环一次，执行sign=-sign，sign变成-1，再循环一次，执行sign=-sign，sign又变成1。

【例4.2】从键盘上连续输入字符，直到按【Enter】键为止，统计输入的字符中数字字符的个数。

算法可以用图4-4所示的流程图和N-S图描述。

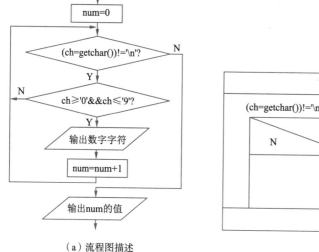
（a）流程图描述

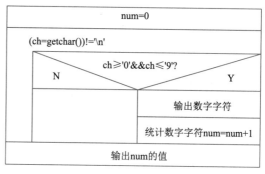
（b）N-S图描述

图4-4 例4.2的流程图和N-S图描述

基于图4-4所描述的算法编写的程序如下：

```c
#include <stdio.h>
int main()
{   char ch;
    int num=0;
    printf("Input string:");
    while((ch=getchar())!='\n')                /* 按回车键时结束 */
    {   if(ch>='0'&&ch<='9')                   /* 只对数字字符的个数进行统计 */
        {   putchar(ch);                       /* 输出数字字符 */
            num=num+1;                         /* 对数字字符的个数进行累加统计 */
        }
    }
    printf("\nnum=%d\n",num);
    return 0;
}
```

程序运行结果:

```
Input string:5!a66bc7↙
5667
num=4
```

4.3　do...while 语句

do...while语句用来实现"直到型"循环,其一般形式为:

```
do
    循环体语句;
while(循环条件表达式);
```

视频

do...while语句

执行过程是,先执行循环体语句,然后对循环条件表达式进行计算,若其值为真(非0),则重复上述过程,直到循环条件表达式的值为假(0)时,循环结束,程序控制转至该结构的下一条语句。其执行过程如图4-5所示。

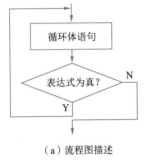

（a）流程图描述

（b）N-S 图描述

图 4-5　do...while 语句的执行过程

使用do...while语句时,应注意以下几个问题:

① 当循环体是一组语句时,则必须用花括号括起来,组成复合语句。

② 循环体内一定要有使表达式的值变为0（假）的操作,否则循环将无限进行。

③ do...while语句的特点是"先执行,后判断",因此循环体语句至少被执行一次。

④ do和while都是关键字,配合起来使用,while()后面的";"不可缺少。

【例4.3】用do...while语句编写计算 sum=1+2+3+…+100 的程序。

算法可以用图4-6所示的流程图和N-S图描述。

基于图4-6所描述的算法编写的程序如下:

```c
#include <stdio.h>
int main()
{   int sum=0,i=1;
    do
    {   sum=sum+i;                  /* 对i进行累加 */
        i++;                        /* i自增1 */
    }while(i<=100);                 /* 如果i≤100,则循环继续执行 */
    printf("sum=%d\n",sum);
```

```
    return 0;
}
```

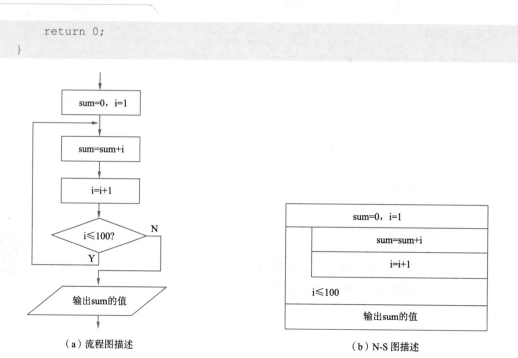

（a）流程图描述　　　　　　　　　　　　（b）N-S 图描述

图 4-6　例 4.3 的流程图和 N-S 图描述

程序运行结果：

```
sum=5050
```

【例4.4】输入若干名学生的某门课程的成绩，以负数作为结束输入的标志，计算该门课程的平均成绩。

首先输入一个成绩，若输入负数，直接结束；否则使用循环结构计算总成绩 sum=sum+score，同时统计学生人数 num=num+1，最后计算平均成绩 ave=sum/num。程序如下：

```
#include <stdio.h>
int main()
{   int num=0;
    float score,sum=0,ave;
    printf("Input scores of students:");
    scanf("%f",&score);
    if(score<0)                        /* 若输入负数，则输出非成绩提示信息，结束 */
        printf("No score\n");
    else
    {   do
        {   sum=sum+score;             /* 对学生的成绩进行累加 */
            num++;                     /* 统计学生数 */
            scanf("%f",&score);        /* 从键盘输入score的值 */
        }while(score>=0);              /* 若输入任何负数，则结束循环 */
        ave=sum/num;                   /* 计算平均成绩 */
        printf("average=%.1f\n",ave);
    }
```

```
        return 0;
}
```

程序运行结果：

```
Input score of students:80 67 -1↙
average=73.5
```

▌4.4 for 语句

for语句的一般形式为：

```
for(表达式1;表达式2;表达式3)
        循环体语句;
```

其中，for是关键字，其后圆括号通常有三个表达式，表达式之间用分号隔开。表达式1给循环变量赋初值；表达式2是循环条件；表达式3修改循环变量值。for后面的语句为循环体。循环体语句多于一条语句时，要用复合语句表示。

for语句的作用是：首先求解表达式1的值，然后求解表达式2的值，若表达式2的值非0（真）时，就执行循环体语句，执行一次循环体语句后求解表达式3的值，再求解表达式2的值，若表达式2的值仍非0（真）再执行循环体语句，再求解表达式3的值。如此反复，直到表达式2的值为非0（真），整个循环结束。其执行过程如图4-7所示。

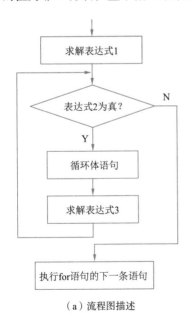

（a）流程图描述

（b）N-S 图描述

图 4-7 for 语句的执行过程

【例4.5】用for语句编写计算 sum=1+2+3+…+100 的程序。

算法可以用图4-8所示的流程图和N-S图描述。

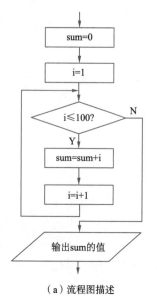

（a）流程图描述

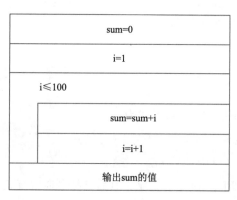

（b）N-S 图描述

图 4-8　例 4.5 的流程图和 N-S 图描述

基于图 4-8 所描述的算法编写的程序如下：

```c
#include <stdio.h>
int main()
{   int sum=0,i;
    for(i=1;i<=100;i++)
        sum=sum+i;                    /* 通过for循环对i进行累加 */
    printf("sum=%d\n",sum);
    return 0;
}
```

说明：使用 for 语句时，for 语句中的三个表达式可以部分或全部省略，但两个";"不可省略，具体使用说明如下。

① 省略表达式 1，这时没有了给循环变量赋初值的操作，则应该在 for 语句之前给循环变量赋初值。例如：

```c
int i=1;                          /* 对循环变量i赋初值 */
for( ;i<=100;i++)                 /* 省略了表达式1 */
    sum=sum+i;
```

② 省略表达式 2，相当于缺少条件判断，循环将无限进行，因此如果缺少表达式 2，可以认为表达式 2 始终为真。

③ 省略表达式 3，则可以把循环变量的修改部分放到循环体语句中进行。例如：

```c
for(i=1;i<=100; )                 /* 省略了表达式3 */
{   sum=sum+i;
    i++;                          /* 在循环体内改变循环变量i的值 */
}
```

④ 省略表达式 1 和表达式 3，相当于在循环中只有表达式 2，即只给出循环结束的条件。这

时可以采用上述①和③中的方法，保证循环正常结束。

⑤ 三个表达式全部省略，则for(; ;)相当于while(1)。

【例4.6】用for语句编写计算n！的程序。

由于 $n! = 1 \times 2 \times 3 \times \cdots \times n$ 是个连乘的重复过程，每次循环完成一次乘法，共循环 n 次。在前面计算累加和时采用了"sum=sum+第i项"的循环算式，类似对于连乘可以采用"t=t*第i项"的循环算式，其中第i项就是循环变量i。算法可用图4-9所示的N-S图描述。

基于图4-9所描述的算法编写的程序如下：

```c
#include <stdio.h>
int main()
{    int n,i,t=1;                          /* 累乘初始值设为1 */
     printf("Input n:");
     scanf("%d",&n);
     for(i=1;i<=n;i++)
         t=t*i;                            /* 循环重复n次，计算阶乘n! */
     printf("t=%d\n",t);
     return 0;
}
```

程序运行结果：

```
Input n:5↙
t=120
```

【例4.7】编写一个程序，输入10个学生的成绩，输出最高成绩和最低成绩。

算法可以用图4-10所示的N-S图描述。

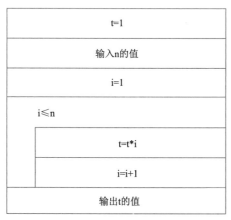

图 4-9　例 4.6 的 N-S 图描述

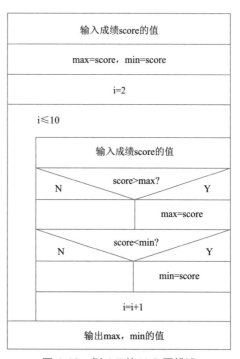

图 4-10　例 4.7 的 N-S 图描述

基于图 4-10 所描述的算法编写的程序如下：

```c
#include <stdio.h>
int main()
{   int i;
    float score,max,min;
    printf("Input 10 scores:");
    scanf("%f",&score);
    max=score;                      /* 将输入的第一个学生的成绩赋给max */
    min=score;                      /* 将输入的第一个学生的成绩赋给min */
    for(i=2;i<=10;i++)
    {   scanf("%f",&score);         /* 通过for循环输入其他学生的成绩 */
        if(score>max)           /* 如果输入的成绩大于max，则将输入的成绩值赋给max */
            max=score;
        if(score<min)           /* 如果输入的成绩小于min，则将输入的成绩值赋给min */
            min=score;
    }
    printf("max=%.1f  min=%.1f\n",max,min);
    return 0;
}
```

程序运行结果：

```
Input 10 scores:75 89 66 48 98 100 79 85 90 68↙
max=100.0  min=48.0
```

4.5 break 语句和 continue 语句

为了使循环控制更加灵活，C语言允许在特定条件成立时，使用break语句强行结束循环，或使用continue语句跳过循环体其余语句，转向循环条件的判断语句。

● 视频

break语句和
continue语句

4.5.1 break 语句

break 语句的一般形式为：

```
break;
```

break语句有两个作用：用于switch语句时，退出switch语句，程序转至switch语句下面的语句；用于循环语句时，退出包含它的循环体，程序转至循环体下面的语句。

【例4.8】从键盘上输入一个大写字母，若字母为"A"输出"GOOD!"，字母为"B"输出"OK!"，字母为"C"输出"NO!"，输入其他字母，输出"ERROR!"。

```c
#include <stdio.h>
int main()
{   char ch;
    printf("Input a character:");
    scanf("%c",&ch);
```

```
    switch(ch)
    {   case 'A': printf("GOOD!\n"); break;
        case 'B': printf("OK!\n"); break;
        case 'C': printf("NO!\n"); break;
        default: printf("ERROR!\n");
    }
    return 0;
}
```

程序运行结果：

```
Input a character:A↙
GOOD!

Input a character:G↙
ERROR!
```

【例 4.9】找出在 n ～100 以内的自然数中，能被 9 整除的第一个数。

算法可以用图 4-11 所示的 N-S 图描述。

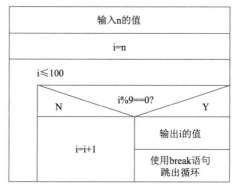

图 4-11 例 4.9 的 N-S 图描述

基于图 4-11 所描述的算法编写的程序如下：

```
#include <stdio.h>
int main()
{   int i,n;
    printf("Input n:");
    scanf("%d",&n);
    for(i=n;i<=100;i++)
    {   if(i%9==0)                     /* 判断i能否被9整除 */
        {   printf("The first number is %d.\n",i);
                                       /* i能被9整除，则输出i的值 */
            break;                     /* 提前退出循环 */
        }
    }
    return 0;
}
```

程序运行结果：

```
Input n:1↙
The first number is 9.
```

```
Input n:65↙
The first number is 72.
```

4.5.2 continue 语句

continue语句的一般形式为：

```
continue;
```

continue 语句作用是：结束本次循环，跳过循环体中尚未执行的语句，接着进行下一次是否执行循环的判断。在 while 和 do...while 语句中，continue 语句把程序控制转到 while 后面的表达式处，在 for 语句中，continue 语句把程序控制转到表达式 3 处。

【例 4.10】找出在 n ～100 以内的自然数中，能被 9 整除的所有数。

算法可以用图 4-12 所示的N-S图描述。

基于图 4-12 所描述的算法编写的程序如下：

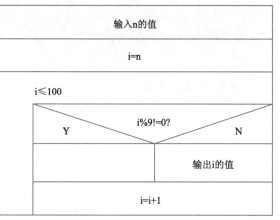

图 4-12 例 4.10 的 N-S 图描述

```c
#include <stdio.h>
int main()
{   int i,n;
    printf("Input n:");
    scanf("%d",&n);
    printf("The number is:");
    for(i=n;i<=100;i++)
    {   if(i%9!=0)       /* 判断i能否被9整除 */
            continue;   /* 若i不能被9整除，则结束本次循环，转至i++处执行 */
        printf("%4d",i);             /* 输出能被9整除的数 */
    }
    printf("\n");
    return 0;
}
```

程序运行结果：

```
Input n:1↙
The number is:  9 18 27 36 45 54 63 72 81 90 99
```

```
Input n:65↙
The number is: 72 81 90 99
```

本例题也可以不用continue语句实现，此时将循环体语句直接写成：

```
if(i%9==0)                    /* 判断i能否被9整除 */
    printf("%4d",i);
```

【例4.11】分析下面程序的执行结果。

```
#include <stdio.h>
int main()
{   int k,b=1;
    for(k=1;k<100;k++)
    {   printf("k=%d, b=%d\n",k,b);
        if(b>5)                    /* 若b>5,则结束整个循环 */
            break;
        if(b%2==1)                 /* 若b/2余1,则b=b+3并结束本次循环 */
        {   b+=3;
            continue;              /* 直接转至k++处 */
        }
        b--;
    }
    return 0;
}
```

程序运行结果：

```
k=1, b=1
k=2, b=4
k=3, b=3
k=4, b=6
```

请读者注意continue语句和break语句的区别：continue语句只结束本次循环，而不是终止整个循环的执行；break语句则是结束循环，不再进行条件判断。

▌4.6　循环的嵌套

一个循环体内又包含另一个完整的循环结构，称为循环的嵌套，也称多重循环。内嵌的循环语句称为内层循环，外层的循环语句称为外循环。内嵌的循环还可以再包含循环。

视频 ●
循环的嵌套

对于循环的嵌套，关键是要确定每一层循环的作用是什么。一般，外循环用来对内循环进行控制，内循环用来完成具体的操作。

【例4.12】分析下面程序的运行结果。

```
#include <stdio.h>
int main()
{   int i,j;
```

```
    for(i=1;i<=3;i++)              /* 外层循环开始，控制i */
    {   printf("i=%d:\n",i);
        for(j=1;j<=4;j++)          /* 内层循环开始，控制j */
        {
            printf("\t%d*%d=%d",i,j,i*j);
        }                          /* 内层循环结束 */
        printf("\n");              /* 输出换行 */
    }                              /* 外层循环结束 */
    return 0;
}
```

程序运行结果：

```
i=1:
     1*1=1   1*2=2   1*3=3   1*4=4
i=2:
     2*1=2   2*2=4   2*3=6   2*4=8
i=3:
     3*1=3   3*2=6   3*3=9   3*4=12
```

程序中，外循环由变量i控制循环三次，内循环由变量j控制循环四次，在这里需要注意的是整个内循环部分以及printf("i=%d:\n",i);和printf("\n");这两个输出语句一起构成外循环的循环体。所以外循环每执行一次，内循环的循环体部分就要执行四次，但不包括printf("i=%d:\n",i);和printf("\n");这两个输出语句。

【例4.13】用嵌套循环计算1!+2!+3!+…+n!的值。

算法可以用图4-13所示的N-S图描述。

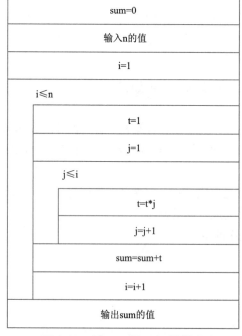

图4-13　例4.13的N-S图描述

基于图4-13所描述的算法编写的程序如下：

```c
#include <stdio.h>
int main()
{   int i,j,n;
    long int t,sum=0;
    printf("Input n:");
    scanf("%d",&n);
    for(i=1;i<=n;i++)                   /* 外层循环重复n次，求累加和 */
    {   t=1;                            /* 置t的初值为1，以保证每次求阶乘都从1开始连乘 */
        for(j=1;j<=i;j++)               /* 内层循环重复i次，计算t=i! */
            t=t*j;
        sum=sum+t;                      /* 把i!累加到sum中 */
    }
    printf("sum=%ld\n",sum);
    return 0;
}
```

程序运行结果：

```
Input n:4↙
sum=33
```

在程序中，在求累加和的for循环体语句中，每次计算 *n*! 之前，都重新设置 t 的初值为 1，以保证每次计算阶乘，都从 1 开始连乘。

【例4.14】输出一个任意行的等腰三角形图形。

把三角形顶点放在屏幕第40列的位置，每行的输出开始位置比上一行提前一列，每行输出"*"的个数是行数的2倍减去1。输入n的值来确定所需要的行数。程序的外循环控制输出的行数，内循环是两个并列的循环，前面一个循环输出每行前面的空格，后面一个循环输出该行的"*"，"*"输出结束后换行，接着输出下一行。程序如下：

```c
#include <stdio.h>
int main()
{   int n,j,k;
    printf("Input n=");
    scanf("%d",&n);                   /* 从键盘上输入等腰三角形所占的行数 */
    for(k=1;k<=n;k++)                 /* 此循环用于控制输出"*"的行数 */
    {   for(j=1;j<40-k;j++)           /* 此循环用于控制某一行中输出第一个"*"前的空格 */
            printf(" ");
        for(j=1;j<=2*k-1;j++)         /* 此循环用于控制一行内打印"*"的个数 */
            printf("*");
        printf("\n");                 /* 输出一行后换行 */
    }
    return 0;
}
```

程序运行结果：

```
Input n=4↙
                              *
                            * * *
                          * * * * *
                        * * * * * * *
```

‖4.7 程序举例

视 频

程序举例

【例4.15】编写程序求斐波那契（Fibonacci）数列的前20项，要求每行输出五个斐波那契数。

斐波那契数列的规律是：每个数等于前两个数之和。其可以用数学上的递推公式来表示：

$$f_n = \begin{cases} 1 & (n=1) \\ 1 & (n=2) \\ f_{n-1} + f_{n-2} & (n>2) \end{cases}$$

根据上述分析，算法可以用图4-14所示的N-S图描述。

基于图4-14所描述的算法编写的程序如下：

```c
#include <stdio.h>
int main()
{   long f1,f2,f3;
    int k;
    f1=1,f2=1;                        /* 斐波那契数列的头两个数均为1 */
    printf("%10ld%10ld",f1,f2);       /* 输出斐波那契数列的头两个数 */
    for(k=3;k<=20;k++)                /* 循环18次求斐波那契数列的后18项 */
    {   f3=f1+f2;                     /* 新的斐波那契数的一个数等于前两个数之和 */
        printf("%10ld",f3);
        f1=f2;                        /* 迭代，用新的数覆盖旧的数 */
        f2=f3;
        if(k%5==0)
            printf("\n");             /* 每输出5个斐波那契数之后进行换行 */
    }
    return 0;
}
```

程序运行结果：

```
         1         1         2         3         5
         8        13        21        34        55
        89       144       233       377       610
       987      1597      2584      4181      6765
```

【例4.16】利用下面级数求正弦函数的值（要求算到最后一项的绝对值小于10^{-6}为止）。

$$\sin x = x - \frac{x^3}{3!} + \frac{x^5}{5!} - \frac{x^7}{7!} + \frac{x^9}{9!} - \cdots$$

这是一个多项式的累加和，每一项的符号和分子、分母都是有规律性地变化：符号依次做正负变化；分子是x的奇数次幂；分母则是从1开始的奇数阶乘。可以用循环结构实现，当循环计算到某一项$|temp| \leq 10^{-6}$时循环结束，输出sinx的值。算法可以用图4-15所示的N-S图描述。

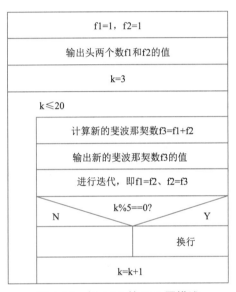

图 4-14　例 4.15 的 N-S 图描述

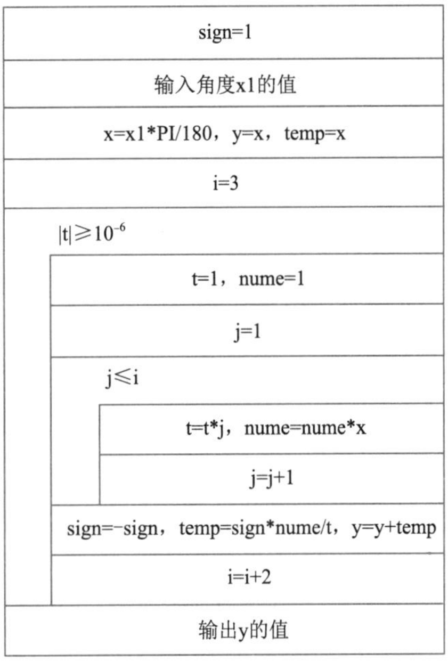

图 4-15　例 4.16 的 N-S 图描述

基于图4-15所描述的算法编写的程序如下：

```
#include <stdio.h>
#include <math.h>
#define PI 3.14159
int main()
{   float x,x1,y;
    float t,temp,nume;
    int i,j,sign=1;
    printf("Input x=");
    scanf("%f",&x1);                    /* 从键盘输入角度x1的值 */
    x=x1*PI/180;                        /* 将角度x1换算成弧度 */
    y=x;                               /* 把级数的第一项x作为累加和的初值 */
    temp=x;                            /* 将x赋值给temp */
    for(i=3;fabs(temp)>=1e-6;i+=2)      /* 若当前项|temp|≥10⁻⁶，则继续执行循环 */
    {   t=1; nume=1;
        for(j=1;j<=i;j++)
        {   t=t*j;                     /* 通过for循环计算当前项分母的阶乘t */
```

```
            nume=nume*x;              /* 通过for循环计算当前项的分子nume */
        }
        sign=-sign;                   /* 将sign值的符号取反 */
        temp=sign*nume/t;             /* 计算新的当前项值temp */
        y=y+temp;                     /* 对temp进行累加 */
    }
    printf("sin(%.2f)=%f\n",x1,y);
    return 0;
}
```

程序运行结果：

```
Input x=2↙
sin(2.00)=0.034899
```

【例4.17】从键盘上输入一个大于2的整数 m，判断 m 是否为素数。

所谓素数是指除了1和它本身以外，再不能被任何整数整除的数。根据这一定义，判断一个整数 m 是否素数，只需把 m 被2到 $m-1$ 之间的每一个整数去除，如果都不能被整除，则 m 就是一个素数。例如，判断19是否素数，将19被2，3，…，18除，若都不能整除19，则19就是一个素数。

实际上，除数只要为 $2\sim\sqrt{m}$ 的全部整数即可。让 m 被 $2\sim\sqrt{m}$ 除，如果 m 能被 $2\sim\sqrt{m}$ 之中任何一个整数整除，则说明 m 不是素数，否则 m 是素数。算法可以用图4-16所示的流程图和N-S图描述。

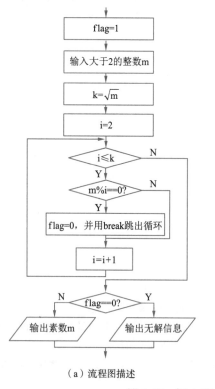

（a）流程图描述

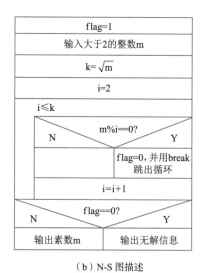

（b）N-S图描述

图4-16　例4.17的流程图和N-S图描述

基于图4-16所描述的算法编写的程序如下：

```c
#include <stdio.h>
#include <math.h>
int main()
{   int m,i,k,flag;
    flag=1;                    /* 将素数标志flag设置为1 */
    do
    {   printf("Input a integer:");
        scanf("%d",&m);
    }while(m<=2);              /* 若m≤2，重新输入m的值 */
    k=(int)sqrt(m);           /* 将sqrt(m)取整后赋值给变量k */
    for(i=2;i<=k;i++)
        if(m%i==0)            /* 若m不是素数，则将素数标志flag置为0并结束循环 */
        {   flag=0;
            break;
        }
    if(flag)                  /* 若素数标志flag=1，则输出该数是素数 */
        printf("%d is a prime mumber.\n",m);
    else                      /* 若素数标志flag=0，则输出该数不是素数 */
        printf("%d is not a prime mumber.\n",m);
    return 0;
}
```

程序运行结果：

```
Input a integer:35
35 is not a prime mumber.

Input a integer:19
19 is a prime mumber.
```

【例4.18】把100元换成5元、2元、1元的零钱，统计共有多少种换法。

用 a、b、c 分别表示换的 5 元、2 元、1 元的数量，则 a、b、c 的值应该满足 $5 \times a + 2 \times b + c = 100$。

根据上述分析，算法可以用图4-17所示的N-S图描述。

基于图4-17所描述的算法编写的程序如下：

```c
#include <stdio.h>
int main()
{   int a,b,c,cnt=0;
    for(a=0;a<=20;a++)               /* 本循环表示5元的有多少种换法 */
        for(b=0;b<=50;b++)           /* 本循环表示2元的有多少种换法 */
            for(c=0;c<=100;c++)      /* 本循环表示1元的有多少种换法 */
                if(5*a+2*b+c==100)
                    cnt++;           /* 经过三重循环后，统计出有多少种换法 */
    printf("count=%d\n",cnt);
    return 0;
}
```

程序运行结果：

```
count=541
```

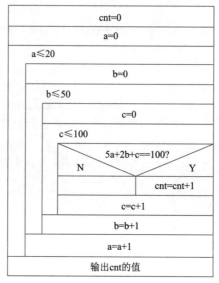

图 4-17   例 4.18 的 N-S 图描述

‖小　结

本章主要介绍了 while、do…while 以及 for 三种循环语句的语法形式及用法。还介绍了循环语句的嵌套及 break 和 continue 语句。同时通过典型实例介绍了循环结构程序设计的方法和过程。

① while 和 do…while 语句，都在 while 后面指定循环条件，在循环体语句中还应包含循环条件的修改，使循环趋于结束的语句。而 for 语句可以在表达式 3 中包含使循环趋于结束的操作，甚至可以将循环体中的操作全部放到表达式 3 中。

② 三种循环语句语句之间的不同之处是 while、for 语句是先判断表达式的值，后执行循环体语句，而 do…while 语句则是先执行一次循环体语句，后判断表达式的值。

③ 循环嵌套是实际应用中常见的循环结构，使用时要注意内外循环必须层次分明。

④ 注意 break 语句和 continue 语句的区别：break 语句是结束整个循环，continue 语句只是结束本次循环。

‖习　题

一、单选题

1. 以下程序段正确的执行结果是 last=（　　　）。

```
int k=0;
while(k++<=2)
    ;
```

```
printf("last=%d\n",k);
```

A. 2 　　　　　B. 3 　　　　　C. 4 　　　　　D. 无结果

2. 执行下面的程序后，a 的值为（　　　）。

```
#include <stdio.h>
int main()
{   int a,b;
    for(a=1,b=1;a<=100;a++)
    {   if(b>=20)
            break;
        if(b%3==1)
        {   b+=3;
            continue;
        }
        b-=5;
    }
    printf("%d",a);
    return 0;
}
```

A. 7 　　　　　B. 8 　　　　　C. 9 　　　　　D. 10

3. 下面程序的输出结果是（　　　）。

```
#include <stdio.h>
int main()
{   int k,s=0;
    for(k=7;k>0;k--)
    {   switch(k)
        {   case 1:
            case 4:
            case 7: s+=1; break;
            case 2:
            case 3:
            case 6: break;
            case 0:
            case 5: s+=2; break;
        }
    }
    printf("s=%d\n",s);
    return 0;
}
```

A. s=7 　　　　B. s=5 　　　　C. s=6 　　　　D. s=8

4. 下面程序的输出结果是（　　　）。

```
#include <stdio.h>
int main()
```

```
{   int i,j=4;
    for(i=j;i<=2*j;i++)
        switch(i/j)
        {   case 0:
            case 1: printf("*"); break;
            case 2: printf("#");
        }
    return 0;
}
```

A. ####* B. *#### C. #*#*## D. *****#

5. 下面程序的输出结果是（　　）。

```
#include <stdio.h>
int main()
{   int n=10;
    while(n>7)
    {   n--;
        printf("%d,",n);
    }
    return 0;
}
```

A. 9,8,7, B. 10,9,8, C. 10,9,7, D. 9,8,7,6,

二、填空题

1. break语句只能用于_____语句和_____语句中。

2. continue语句的作用是_____，即跳过循环体中下面尚未执行的语句，接着进行下一次是否执行循环的判定。

3. 下面程序的输出结果是_____。

```
#include <stdio.h>
int main()
{   int n=0;
    while(n++<=1)
        ;
    printf("%d\n",n);
    return 0;
}
```

4. 下面程序的输出结果是_____。

```
#include <stdio.h>
int main()
{   int j;
    for(j=1;j<=5;j++)
    {   if(j%2==0)
```

```
        putchar('<');
    else
        continue;
    putchar('>');
  }
  putchar('#');
  printf("\n");
  return 0;
}
```

5. 若k为整型变量，则下面while循环执行的次数是_____。

```
int k=10;
while(k==0)
    k=k-1;
```

三、编程题

1. 计算1~100之间的所有奇数之和以及所有偶数之和。

2. 求满足$1^2 + 2^2 + 3^2 + \cdots + n^2 < 10\,000$的$n$的最大值。

3. 编写程序，计算$s = 1 + (1 + 2!) + (1 + 2! + 3!) + \cdots + (1 + 2! + 3! + \cdots + n!)$。

4. 编写程序，利用公式$e = 1 + \dfrac{1}{1!} + \dfrac{1}{2!} + \dfrac{1}{3!} + \cdots + \dfrac{1}{n!}$，求出 e 的近似值，其中$n$由键盘输入。

第 5 章

数 组

在前面章节中所用到的数据类型都是简单类型，每个变量只能取一个值。然而，在处理实际问题时，经常需要处理大批量的数据，并且这些数据具有相同的类型。针对这样的问题，引进了数组这一数据类型。

▌5.1 数组及数组元素的概念

● 视频

数组的概念及一维数组的定义与使用

在解决一些实际问题中，经常会遇到大量的一组有规律的同类型数据。例如，要输入全年级500名学生的C语言课程成绩，如果对每一个学生的学号和成绩定义简单变量，程序将变得异常烦琐。针对处理类型相同的批量数据的问题，C语言提供了一种构造数据类型——数组。

数组是一组相同类型的有序数据的集合，每一个数据称为数组元素，这些数组元素有一个共同的名字称为数组名。每一个数组元素可通过数组名及其在数组中的位置（即下标）来确定。例如，对于500名学生的C语言课程成绩，可定义一个数组来表示，设数组名为score，则可将各个学生的成绩分别表示为score[0]、score[1]、score[2]…。

数组按下标个数分类，有一维数组、二维数组和多维数组三种形式。本章仅介绍一维数组和二维数组。数组同其他类型的变量一样，也遵循"先定义，后使用"的原则。

▌5.2 一 维 数 组

5.2.1 一维数组的定义

一维数组是指只有一个下标的数组，定义一个一维数组的一般形式为：

```
类型说明符 数组名[常量表达式];
```

例如：

```
int a[5];        /* 数组名为a的一维数组有5个元素，每个元素的数据类型为整型 */
float x[50];     /* 数组名为x的一维数组有50个元素，每个元素的数据类型为实型 */
```

定义一维数组要注意以下几点：

① 数组名命名规则和变量名相同，遵循C语言标识符的规则。

② 常量表达式的值确定了数组元素的个数，称为数组的长度。常量表达式中可以包括常量

或符号常量，不能包括变量或非常量表达式，也不允许定义动态数组。例如，以下面形式定义数组是不允许的。

```
int i;
scanf("%d",&i);
int name[i];
```

③ 数组元素的下标值从 0 开始，因此，最大下标值=常量表达式值-1。例如，有如下定义：

```
int a[5];
```

说明数组 a 有 5 个整型元素，a[0] 是它的第 0 号元素（第 1 个元素），a[1] 是它的第 1 号元素（第 2 个元素）……依此类推，a[4] 是它的第 4 号元素（第 5 个元素）。注意，该数组不存在数组元素 a[5]。数组 a 在内存中的存储形式如图 5-1 所示。

图 5-1　数组 a[5] 在内存中的存储形式

5.2.2　一维数组元素的引用

对数组的使用不能将数组作为整体引用，而只能通过逐个引用数组元素来实现。事实上数组名指首地址，是一个常量。引用一个一维数组元素的一般形式为：

```
数组名[下标表达式]
```

例如，以下都是对 a 数组元素的合法引用：

```
a[2]=5;                      /* 对第 2 号元素赋值 */
a[1]=a[2]+3;                 /* 对第 1 号元素赋值 */
scanf("%d",&a[0]);          /* 对第 0 号元素输入数据 */
printf("%d\n",a[1]);        /* 输出第 1 号元素的值 */
```

注意：下标不要越界。例如，语句 int a[5];，使用 a[5]，就越界了。

【例 5.1】建立数组名为 a 的一个一维数组，给数组元素 a[0]～a[9] 分别赋值予 0～9，然后逆序输出数组元素的值。

```
#include <stdio.h>
int main()
{   int a[10],j;                /* 定义大小为 10 的整型数组 a、整型变量 j */
    for(j=0;j<10;j++)
        a[j]=j;                 /* 通过 for 语句对数组 a 的 10 个元素赋值 */
    for(j=9;j>=0;j--)
        printf("%2d",a[j]);     /* 通过 for 语句输出数组 a 的 10 个元素的值 */
    printf("\n");
```

```
    return 0;
}
```

程序运行结果：

```
9 8 7 6 5 4 3 2 1 0
```

5.2.3 一维数组的初始化

在定义一维数组的同时给数组元素赋初值，称为数组的初始化。有以下几种实现方法：

① 给所有元素赋初值。例如：

```
int a[5]={1,3,5,7,9};
```

经定义和初始化后，a[0]=1、a[1]=3、a[2]=5、a[3]=7、a[4]=9。

② 在给所有元素赋初值时可以不指定数组的长度。例如：

```
int a[]={1,3,5,7,9};
```

定义和初始化时省略下标，系统将根据花括号内数据的个数来确定数组的长度。

③ 给部分元素赋初值。例如：

```
int a[10]={1,1};
```

经定义和初始化后，只有a[0]=1、a[1]=1。其余8个元素的值自动取值为0。

④ 如果想使一个一维数组中全部元素值为0，可以写成：

```
int a[10]={0,0,0,0,0,0,0,0,0,0};
```

或

```
int a[10]={0};
```

【例5.2】一维数组的初始化应用示例。

```
#include <stdio.h>
int main()
{   int i;
    int a[3]={0,1,2};              /* 定义一维整型数组a，并对其初始化 */
    for(i=0;i<3;i++)               /* 通过for语句输出数组a的元素的值 */
        printf("a[%d]=%d  ",i,a[i]);
    printf("\n");
    return 0;
}
```

程序运行结果：

```
a[0]=0  a[1]=1  a[2]=2
```

• 视 频

一维数组程
序举例

5.2.4 一维数组程序举例

【例5.3】用一维数组求斐波那契（Fibonacci）数列的前20项。

定义一个一维数组a[20]，则a[0]=1，a[1]=1，a[2]=a[0]+a[1]，a[3]=a[1]+a[2]，…，a[19]=a[17]+a[18]。程序如下：

```
#include <stdio.h>
int main()
{    int j;
     long int f[20]={1,1};        /* 定义并初始化斐波那契数列的前两个数 */
     for(j=2;j<20;j++)
          f[j]=f[j-1]+f[j-2];      /* 计算出下一项的值，并保存在数组元素中 */
     for(j=0;j<20;j++)             /* 输出斐波那契数列的前20项 */
     {    printf("%8ld",f[j]);
          if((j+1)%5==0)          /* 每行输出5个数组元素值之后换行 */
               printf("\n");
     }
     return 0;
}
```

程序运行结果：

```
       1         1         2         3         5
       8        13        21        34        55
      89       144       233       377       610
     987      1597      2584      4181      6765
```

程序说明：用数组的初始化方法，将斐波那契数列的头两个数1、1分别存入数组a[0]、a[1]，从第三项开始，使用for语句求出每一项，并存入数组元素中。赋值结束后，通过for语句输出数组元素的值，且每一行仅输出五个斐波那契数。

【例5.4】某汽车厂一月份生产汽车四辆，从二月份开始每个月生产的汽车是前一个月的产量减去1辆再翻一番。求每个月的产量和全年的总产量。

定义一个一维数组a[n]，则a[1]=4，a[2]=2(a[1]-1)，a[3]=2(a[2]-1)，…，a[n]=2(a[n-1]-1)。
程序如下：

```
#include <stdio.h>
int main()
{    int a[12],y,sum;               /* 定义整型数组a及整型变量y、sum */
     a[0]=4;                        /* 对数组a的第一个元素赋值 */
     sum=a[0];                      /* 将数组a的第一个元素赋值给变量sum */
     printf("%d",a[0]);             /* 输出数组a的第一个元素的值 */
     for(y=1;y<12;y++)
     {    a[y]=2*(a[y-1]-1);        /* 给数组a的其他元素赋值 */
          sum=sum+a[y];             /* 计算每一个月产量的累加和 */
          printf("%5d",a[y]);       /* 输出每个月的产量 */
     }
     printf("\ntotal=%d\n",sum);    /* 输出全年的总产量 */
     return 0;
}
```

程序运行结果：

```
4    6    10    18    34    66    130    258    514    1026    2050    4098
```

```
total=8214
```

【例5.5】编写一个程序，输入N个学生的学号和成绩，求平均成绩，并输出其中最高分和最低分学生的学号及成绩。

用一维数组num[N]存放学生学号，一维数组score[N]存放学生成绩。通过循环遍历数组score[]并进行比较，求出最高分学生的下标max和最低分学生的下标min。程序如下：

```
#include <stdio.h>
#define N 5                              /* 宏定义学生数N为5 */
int main()
{   float score[N],ave,sum=0.0;
    int num[N],i,max,min;
    max=0,min=0;                         /* 给整型变量max和min赋值 */
    printf("input num and score of students:\n");
    for(i=0;i<N;i++)
    {   scanf("%d %f",&num[i],&score[i]);
        sum+=score[i];                   /* 计算N个学生的成绩之和 */
    }
    ave=sum/N;                           /* 计算平均成绩 */
    for(i=0;i<N;i++)
    {   if(score[i]>score[max])          /* 求出最高分学生的数组的下标 */
            max=i;
        if(score[i]<score[min])          /* 求出最低分学生的数组的下标 */
            min=i;
    }
    printf("average:%.1f\n",ave);
    printf("the maxi score:%d  %.1f\n",num[max],score[max]);
    printf("the mini score:%d  %.1f\n",num[min],score[min]);
    return 0;
}
```

程序运行结果：

```
input num and score of students:
2019 75↙
2020 88↙
2021 55↙
2022 68↙
2023 96↙
average:76.4
the maxi score:2023    96.0
the mini score:2021    55.0
```

【例5.6】将含有10个元素（1～10的自然数）的数组a中的元素按逆序重新存放，操作时只能借助一个临时的存储单元不允许开辟另外的数组。

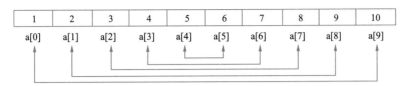

要完成以上操作，先将10个自然数输入给一个一维数组a，然后将a[0]与a[n-1]对换，再将a[1]与a[n-2]对换，……，直到将a[4]与a[n/2]对换。若分别用i、j代表两个进行对调元素的下标，当i=0时，j应该指向第n-1个元素；当i=1时，j应该指向第n-2个元素，……，当i=4时，j应该指向第n/2个元素。i与j的关系为：i从0循环到n/2，j=n-i-1。程序如下：

```
#include <stdio.h>
#define N 10                          /* 宏定义数据的数量N为10 */
int main()
{   int i,j,t;
    int a[N]={1,2,3,4,5,6,7,8,9,10};         /* 定义整型数组a，并进行初始化 */
    for(i=0;i<N;i++)
        printf("%3d",a[i]);       /* 输出原数组a的元素的值 */
    printf("\n");
    for(i=0;i<N/2;i++)            /* 将数组a中元素的值逆序交换 */
    {   j=N-i-1;
        t=a[i];
        a[i]=a[j];
        a[j]=t;
    }
    for(i=0;i<N;i++)
        printf("%3d",a[i]);     /* 输出逆序存放后数组a的元素的值 */
    printf("\n");
    return 0;
}
```

程序运行结果：

```
input array a:
  1 2 3 4 5 6 7 8 9 10
 10 9 8 7 6 5 4 3 2 1
```

【例5.7】将N个数按从小到大的顺序排序。

（1）冒泡排序法

冒泡排序法的基本思想：将需要排序的数据存放到一个一维数组a中，然后相邻的两个元素进行比较，a[0]与a[1]比，a[1]与a[2]比，……，a[n-2]与a[n-1]比。每次比较过程中，若前一个数比后一个数大，则对调这两个数（大的往下沉，小的往上浮），这样比较一轮就可将最大的一个数放到数组的最后一个元素a[n-1]中，再进行第二轮比较，a[0]与a[1]比，a[1]与a[2]比，……，a[n-3]与a[n-2]比。经过第二轮比较，就会把第二大的数放到a[n-2]中。如此反复，经过n-1轮比较，就会把n-1个大的数依次放到a[n-1]，a[n-2]，a[n-3]，…，a[1]中，最后剩下一个最小的数，放在a[0]中。例如，对于数据7、5、4、8、1，排序过程如下：

a[0]	7	5	4	4	1
a[1]	5	4	5	1	4
a[2]	4	7	1	5	5
a[3]	8	1	7	7	7
a[4]	1	8	8	8	8

（原顺序）（第一轮）（第二轮）（第三轮）（第四轮）

根据上述分析，算法可以用图5-2所示的N-S图描述。

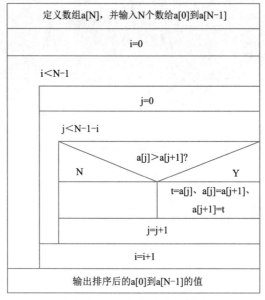

图 5-2 例 5.7 的 N-S 图描述

基于图5-2所描述的算法编写的程序如下：

```c
#include <stdio.h>
#define N 10                        /* 宏定义数据的数量N为10 */
int main()
{   int a[N],i,j,t;
    printf("input %d numbers:\n", N);
    for(i=0;i<N;i++)
        scanf("%d",&a[i]);
    for(i=0;i<N-1;i++)              /* 此循环控制比较的轮数 */
        for(j=0;j<N-1-i;j++)        /* 此循环控制每一轮的比较 */
            if(a[j]>a[j+1])         /* 相邻的两个元素比较,条件成立则互换值 */
            {   t=a[j]; a[j]=a[j+1]; a[j+1]=t;   }
    printf("the sorted numbers:\n");
    for(i=0;i<N;i++)               /* 输出排序后的数组a的元素值 */
        printf("%d  ",a[i]);
    printf("\n");
```

```
        return 0;
}
```

程序运行结果：

```
input 10 numbers:
95 85 77 91 68 55 71 82 62 89↙
the sorted numbers:
55  62  68  71  77  82  85  89  91  95
```

注意：程序中排序时 i 控制排序轮次，由于 i 从 0 开始取值，故内循环的循环次数是 N-i-1，而不是 N-i 次。

（2）选择排序法

选择排序法基本思想：将需要排序的数据，存放到一个一维数组 a 中，a[0] 与它后面的每一个元素进行比较，a[0] 与 a[1] 比，a[0] 与 a[2] 比，……，a[0] 与 a[n-1] 比。每次比较过程中，若 a[0] 的值大于某个元素的值，则记录该元素的下标。这样比较一轮就可得到最小数的下标，再与数组的第一个元素 a[0] 交换，接着进行第二轮比较，a[1] 与它后面的每一个元素进行比较，a[1] 与 a[2] 比，a[1] 与 a[3] 比，……，a[1] 与 a[n-1] 比。经过第二轮比较，就会把第二小的数放到 a[1] 中。如此反复，经过 n-1 轮比较，就会把 n-1 个小的数依次放到 a[0], a[1], a[2], …, a[n-2] 中，最后剩下一个最大的数，放在 a[n-1] 中。程序如下：

```c
#include <stdio.h>
#define N 10                            /* 宏定义数据的数量N为10 */
int main()
{   int a[N],i,j,t,k;
    printf("Input %d numbers:\n",N);
    for(i=0;i<N;i++)
        scanf("%d",&a[i]);
    for(i=0;i<N-1;i++)
    {   k=i;                            /* 最小元素的下标初值设为i */
        for(j=i+1;j<N;j++)
            if(a[k]>a[j])               /* 对数组元素进行比较，记录最小值的下标 */
                k=j;
        t=a[i]; a[i]=a[k]; a[k]=t;      /* 将这一轮找到的最小元素与a[i]交换 */
    }
    printf("The sorted numbers:\n");
    for(i=0;i<N;i++)                    /* 输出排序后的数组a的元素值 */
        printf("%d  ",a[i]);
    printf("\n");
    return 0;
}
```

【例 5.8】在 N 个数中查找一个数 x。

将 N 个数存入一个一维数组 a 中，然后输入要查找的数 x，再利用循环顺序查找，当找到该数时，首先打印该数并停止循环，然后打印出该数所在的位置。

根据上述分析，算法可以用图 5-3 所示的 N-S 图描述。

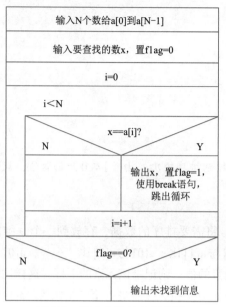

图 5-3 例 5.8 的 N-S 图描述

基于图 5-3 所描述的算法编写的程序如下：

```c
#include <stdio.h>
#define N 5                    /* 宏定义数据的数量N为5 */
int main()
{   int a[N],x,i,flag;
    printf("Input %d numbers:",N);
    for(i=0;i<N;i++)
        scanf("%d",&a[i]);
    printf("Input x:");
    scanf("%d",&x);            /* 输入要查找的数 */
    flag=0;                    /* 将没有找到标志flag置为0 */
    for(i=0;i<N;i++)
        if(x==a[i])            /* 若找到则输出并将flag置为1，然后跳出循环 */
        {   printf("Find %d its position is:a[%d]\n",x,i);
            flag=1;
            break;
        }
    if(flag==0)
        printf("%d not been found.\n",x);
    return 0;
}
```

程序运行结果：

```
Input 5 numbers:4 8 9 3 2↙
Input x:9↙
Find 9 its position is:a[2]
```

5.3　二　维　数　组

5.3.1　二维数组的定义

定义二维数组的一般形式为：

类型说明符　数组名[常量表达式1][常量表达式2];

视频●‥‥‥‥‥

二维数组定义与程序举例

例如：

```
int a[3][4];
```

定义了一个3行4列的二维数组，数组名为a，其数组元素的类型为整型。该数组的元素共有3×4个，其元素为：

```
a[0][0] a[0][1] a[0][2] a[0][3]
a[1][0] a[1][1] a[1][2] a[1][3]
a[2][0] a[2][1] a[2][2] a[2][3]
```

C语言中，对二维数组的存储是按行存放，即二维数组的元素按行的顺序依次存放在连续的内存单元中。如二维数组a元素的存储顺序如图5-4所示。

a[0][0]	a[0][1]	a[0][2]	a[0][3]	a[1][0]	a[1][1]	a[1][2]	a[1][3]	a[2][0]	a[2][1]	a[2][2]	a[2][3]

图 5-4　二维数组 a[3][4] 元素的存储顺序

对二维数组的处理方式是将其分解成多个一维数组。如对二维数组a的处理方式是把a看成是一个一维数组，数组a包含a[0]、a[1]、a[2]这3个元素。而每一个元素又是一个一维数组，各包含4个元素，如a[0]所代表的一维数组又包含a[0][0]、a[0][1]、a[0][2]、a[0][3]这4个元素。

无论是一维数组还是二维数组，数组名都表示其内存单元的首地址。

5.3.2　二维数组元素的引用

引用二维数组元素的一般形式为：

数组名[下标1][下标2];

其中，下标可以是整型常量或整型表达式。在引用二维数组时其下标不可越界。例如，若有以下定义：

```
int name[3][4];
```

则下面的赋值语句将会出错：

```
name[3][4]=55;
```

因为二维数组name的第1维下标的界限是0~2，第2维下标的界限是0~3，都越界了。

5.3.3　二维数组的初始化

① 按行赋初值，将每行的数据分别用内层花括号括起来，每一个内层之间用","分隔，最外层再用花括号括起来。例如：

```
int a[3][4]={{1,3,5,9},{11,13,15,17},{19,21,23,25}};
```

未提供初值时，下列初始化是等价的：

```
int a[3][4]={{1,2,3},{4,5}};
int a[3][4]={{1,2,3,0},{4,5,0,0},{0,0,0,0}};
```

② 按顺序为各元素赋初值。例如：

```
int a[3][4]={1,3,5,9,11,13,15,17,19,21,23,25};
```

未提供初值时，下列初始化是等价的：

```
int a[3][4]={{1,2,3,4,5}};
int a[3][4]={{1,2,3,4},{5,0,0,0},{0,0,0,0}};
```

③ 允许省略第一维的大小，但第二维的大小不能省略，系统视赋初值情况及第二维的大小确定第一维的大小。例如，如下初始化方式是等价的。

```
int a[3][4]={1,3,5,9,11,13,15,17,19,21,23,25};
int a[][4]={{1,3,5,9},{11,13,15,17},{19,21,23,25}};
int a[][4]={1,3,5,9,11,13,15,17,19,21,23,25};
```

5.3.4 二维数组程序举例

【例5.9】输入二维数组各元素的值，再以矩阵的形式输出二维数组各元素的值。

二维数组元素有两个下标，若从键盘输入数据且按行输入，则可以用双重 for 语句，外循环控制行下标的变化，内循环控制列下标的变化。这是二维数组输入/输出的基本方法。程序如下：

```
#include <stdio.h>
#define M 3                          /* 宏定义矩阵的行M为3 */
#define N 4                          /* 宏定义矩阵的列N为4 */
int main()
{   int a[M][N],i,j;
    printf("input %d×%d matrix:\n",M,N);    /* 提示输入M×N矩阵*/
    for(i=0;i<M;i++)                  /* 通过双重循环输入矩阵a各元素的值 */
        for(j=0;j<N;j++)
            scanf("%d",&a[i][j]);
    printf("output matrix:\n");       /* 提示输出矩阵 */
    for(i=0;i<M;i++)
    {   for(j=0;j<N;j++)
            printf("%4d",a[i][j]);   /* 通过双重循环输出矩阵各元素的值 */
        printf("\n");
    }
    return 0;
}
```

程序运行结果：

```
input 3×4 matrix:
55 36 99 33↙
```

```
66 5 77 22↙
78 99 5 10↙
output matrix:
    55   36   99   33
    66    5   77   22
    78   99    5   10
```

【例 5.10】找出一个二维数组的最大元素及它所在的行与列的下标（有若干个相同的元素时，输出第一个元素的位置）。

将 a[0][0] 的值赋给存放最大元素的变量 max，然后使矩阵中的每一个数 a[i][j] 与 max 的值比较，若 a[i][j] 大于 max 的值，就将 a[i][j] 的值赋给 max，同时将其所在的行 i 和列 j 的值保存在变量 r 和 c 中。程序如下：

```c
#include <stdio.h>
#define M 3                         /* 宏定义矩阵的行M为3 */
#define N 4                         /* 宏定义矩阵的列N为4 */
int main()
{   int i,j,max,c,r,a[M][N]={{81,3,77,19},{71,99,15,0},{85,68,55,25}};
    printf("Output matrix:\n");     /* 提示输出矩阵 */
    for(i=0;i<M;i++)                /* 通过双重循环输出矩阵a各元素的值 */
    {   for(j=0;j<N;j++)
            printf("%4d",a[i][j]);
        printf("\n");
    }
    max=a[0][0];
    r=0;
    c=0;
    for(i=0;i<M;i++)     /* 通过双重循环找出最大元素及它所在的行与列的下标 */
        for(j=0;j<N;j++)
            if(a[i][j]>max)
            {   max=a[i][j];
                r=i;
                c=j;
            }
    printf("The largest element is:a[%d][%d]=%d\n",r,c,max);
    return 0;
}
```

程序运行结果：

```
Output matrix:
  81    3   77   19
  71   99   15    0
  85   68   55   25
The largest element is:a[1][1]=99
```

【例 5.11】将一个 $M \times N$ 矩阵 a 进行转置，存放在另一个 $N \times M$ 矩阵 b 中。

矩阵的转置也就是将矩阵的行和列进行互换，使其行成为列，列成为行。程序如下：

```
#include <stdio.h>
#define M 4                              /* 宏定义矩阵的行M为4 */
#define N 4                              /* 宏定义矩阵的列N为4 */
int main()
{   int i,j;
    int a[M][N]={{81,3,77,19},{71,42},{85,100,33,91},{55,66,25,88}},b[N][M];
    for(i=0;i<M;i++)                     /* 通过双重循环实现矩阵的转置 */
        for(j=0;j<N;j++)
            b[i][j]=a[j][i];
    printf("Output matrix a:\n");        /* 提示输出矩阵a */
    for(i=0;i<M;i++)                     /* 通过双重循环输出矩阵a各元素的值 */
    {   for(j=0;j<N;j++)
            printf("%4d",a[i][j]);
        printf("\n");
    }
    printf("Output matrix b:\n");        /* 提示输出矩阵b */
    for(i=0;i<N;i++)                     /* 通过双重循环输出矩阵b各元素的值 */
    {   for(j=0;j<M;j++)
            printf("%4d",b[i][j]);
        printf("\n");
    }
    return 0;
}
```

程序运行结果：

```
Output matrix a:
  81   3  77  19
  71  42   0   0
  85 100  33  91
  55  66  25  88
Output matrix b:
  81  71  85  55
   3  42 100  66
  77   0  33  25
  19   0  91  88
```

【例5.12】输入N个学生的学号和M门课程的成绩，输出每一个学生的学号，每一门课程的成绩，以及平均成绩。

使用一个一维数组xh[N]存放N个学生的学号，一个二维数组cj[N][M]存放N个学生M门课程的成绩，再使用一个一维数组aver[N]存放N个学生的平均成绩。程序可以使用双重循环，在内循环中依次读入某一个学生的各门课程的成绩，并把该学生的各科成绩累加起来，存放在变量sum中。退出内循环后，在外循环中把累加成绩sum除以M，求得该学生的平均成绩，并存放在数组aver[N]中。程序如下：

```c
#include <stdio.h>
#define N 2                         /* 宏定义学生数N为2 */
#define M 3                         /* 宏定义课程数M为3 */
int main()
{   int i,j,xh[N];
    float sum,cj[N][M],aver[N];
    for(i=0;i<N;i++)                /* 循环用于控制输入的学生数 */
    {   printf("Input the number of student which is %d:",i+1);
        scanf("%d",&xh[i]);
        sum=0.0;
        printf("Input %d score of student which is %d:",M,i+1);
        for(j=0;j<M;j++)                        /* 循环用于控制输入的课程数 */
        {   scanf("%f",&cj[i][j]);
            sum=sum+cj[i][j];                   /* 对学生成绩进行累加 */
        }
        aver[i]=sum/M;                          /* 计算学生的平均成绩 */
    }
    printf("\nNumber  Math  Phy   En    Aver\n");   /* 输出标题 */
    for(i=0;i<N;i++)
    {   printf("%d      ",xh[i]);
        for(j=0;j<M;j++)
            printf("%.1f   ",cj[i][j]);
        printf("%.1f\n",aver[i]);
    }
    return 0;
}
```

程序运行结果：

```
Input the number of student which is 1:2021↙
Input 3 score of student which is 1:88 99 66↙
Input the number of student which is 2:2022↙
Input 3 score of student which is 2:78 98 91↙
Number  Math    Phy     En      Aver
2021    88.0    99.0    66.0    84.3
2022    78.0    98.0    91.0    89.0
```

5.4 字符数组

前面利用数组处理的都是数值型数据，字符型数据也可以利用数组来处理，即字符数组。存放字符型数据的数组称为字符数组，数组的每个元素存放一个字符型数据。

5.4.1 字符数组的定义和初始化

定义字符数组的一般形式为：

```c
char 数组名[常量表达式];                 /* 定义一维字符数组 */
```

视 频

字符数组的
定义与使用

```
char 数组名[常量表达式1][常量表达式2];     /* 定义二维字符数组 */
```

例如：

```
char c[6];
```

表示定义了一个一维字符型数组，数组名为c，可以存放6个字符。

字符数组的初始化既可以采用单字符的形式赋值，也可以采用字符串的形式赋值。

1. 以单字符的形式赋值

① 用字符对数组的全部元素进行初始化。例如：

```
char a[5]={'C','h','i','n','a'};
```

把5个字符分别赋值给a[0]到a[4]，即a[0]='C'，a[1]='h'，a[2]='i'，a[3]='n'，a[4]='a'。

② 只对字符数组中的部分元素进行初始化。例如：

```
char a[10]={'C','h','i','n','a'};
```

定义了含有10个元素的字符数组a[10]，并进行初始化，这时对未赋初值的元素系统会自动赋为'\0'。即前5个元素a[0]到a[4]被依次初始化为a[0]='C'，a[1]='h'，a[2]='i'，a[3]='n'，a[4]='a'，而后5个元素a[5]到a[9]都被初始化为'\0'。数组a在内存中的存放形式如图5-5所示。

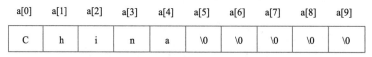

图 5-5　初始化字符数组 a 的内存存放形式

③ 在定义字符数组时可以省略数组的长度，系统根据初值的个数自动确定数组的长度。

2. 以字符串的形式赋值

用字符串对字符数组初始化时，可以利用以下形式完成字符数组的初始化。例如：

```
char str[]={"C program."};
```

或去掉花括号，写成：

```
char str[]="C program.";
```

字符串在内存存放时系统会自动在最后加上一个字符串结束标志'\0'，即ASCII码值为0的字符。因此字符串在内存中所占的字节数应为字符串长度加1。由此上述两种定义和初始化形式等价于：

```
char str[]={'C',' ','p','r','o','g','r','a','m','.','\0'};
```

字符数组str的实际长度为11（str[11]）。

使用字符串对字符数组进行初始化时，应注意的事项：

① 如果花括号内的字符个数大于字符数组的长度，则按语法错误处理。例如，定义语句 char str[5]="China";是错误的，应该写为 char str[6]="China";。

② 不能将字符串直接赋给字符数组名。例如，下面语句中的赋值语句是错误的：

```
char str[6];
str="China";            /* 错误：给字符数组名直接赋予字符串 */
```

③ 二维字符数组初始化的基本方法有以下两种：

用字符对二维字符数组进行初始化或用字符串对二维字符数组进行初始化。例如：

```
char str[3][5]={{'L','i'},{'W','a','n','g'},{'G','a','o'}};
```

或

```
char str[3][5]={"Li","Wang","Gao"};
```

以上定义了一个二维字符数组 str，并对其进行初始化，其在内存中的存放形式如图 5-6 所示。

str[0] →	L	i	\0	\0	\0
str[1] →	W	a	n	g	\0
str[2] →	G	a	o	\0	\0

图 5-6　初始化二维字符数组 str 的内存存放形式

5.4.2　字符数组的输入/输出

字符数组的输入/输出有两种方式：

（1）对字符数组按字符进行逐个输入/输出

用字符输入/输出函数 getchar/putchar、格式化输入/输出函数 scanf/printf 的格式符"%c"进行逐个字符的输入/输出。

（2）对字符数组按字符串的整体输入/输出

在格式化输入/输出函数 scanf/printf 中用格式符"%s"输入/输出字符串，这时对应的参数应该是数组名，不能是数组元素。

【例 5.13】用两种方法将字符串"China"显示在屏幕上。第一种方法是：将字符串赋值给字符数组，通过格式符"%c"的方式输出字符串；第二种方法是：从键盘上输入字符串，通过格式符"%s"的方式输出字符串。

方法 1：

```
#include <stdio.h>
int main()
{   int i;
    char s[]="China";
    for(i=0;i<5;i++)
        printf("%c",s[i]);
    return 0;
}
```

方法 2：

```
#include <stdio.h>
int main()
{   char s[20];
    scanf("%s",s);
    printf("%s",s);
    return 0;
}
```

程序运行结果：

```
China
```

方法 1：使用"%c"格式时，通过 for 语句重复多次才能完成整个字符串的输出；而方法 2：通过"%s"格式一次完成整个字符串的输出。

使用字符串的输入/输出时，应注意以下几点：

① 用"%s"格式输入/输出时，输入/输出的对象是数组名，而不是数组元素，并且输入时数组名前面不加"&"。例如，例 5.13 的方法 2 中的语句 scanf("%s",s); 和 printf("%s",s); 不能

写成：

```
scanf("%s",&s);
printf("%s",s[2]);
```

② 输出时不输出字符串结束标志'\0'，而且若字符串包含一个以上'\0'，则遇到第一个'\0'时，输出就结束。例如，有如下语句：

```
char a[8]="program";
a[3]='\0';
printf("%s",a);
```

输出结果为：

```
pro
```

③ 在使用"%s"格式符输入字符串时，遇到空格或回车就认为该字符串输入结束。在例5.13的方法2中，如果输入"China Beijing"，则程序运行结果为"China"。

④ 在使用"%s"格式符输入字符串时，存储时系统自动在最后加一个'\0'。

⑤ 在使用"%s"格式符输出字符串时，一旦遇到'\0'就停止输出（'\0'不输出），其后字符不再输出。例如，有如下语句：

```
char s[50]="C program\0Java";
printf("%s\n",s);
```

输出结果为：

```
C program
```

【例5.14】输入一行字符，统计其中小写字母的个数，并将所有的小写字母转换成大写字母后输出这个字符串。

```
#include <stdio.h>
int main()
{    int i,count=0;
    char s[50];
    printf("Input a string:");
    for(i=0;(s[i]=getchar())!='\n';i++)
        if(s[i]>='a'&&s[i]<='z')
            count++;
    printf("count=%d\n",count);
    for(i=0;s[i]!='\n';i++)
        if(s[i]>='a'&&s[i]<='z')
            printf("%c",s[i]-32);
        else
            printf("%c",s[i]);
    printf("\n");
    return 0;
}
```

程序运行结果：

```
Input a string:abcABCxYz
```

```
count=5
ABCABCXYZ
```

【例5.15】二维字符数组存放字符应用示例。

```
#include <stdio.h>
int main()
{   char a[][7]={{'C','h','i','n','a'},{'B','e','i','j','i','n','g'}};
    int i,j;
    for(i=0;i<2;i++)                    /* 通过二重循环输出二维字符数组各元素的值 */
    {   for(j=0;j<7;j++)
            printf("%c",a[i][j]);
        printf("\t");
    }
    printf("\n");
    return 0;
}
```

程序运行结果：

```
China      Beijing
```

5.4.3　常用的字符串处理函数

为了简化程序设计，C语言提供了一些用来处理字符串的函数，需要时可以直接从库函数中调用这些函数。下面介绍八种常用的字符串处理函数。

视频

字符串处理
函数与字符
数组程序举
例

1. 字符串输出函数puts()

调用格式：puts(字符数组名)

功能：将字符数组中的字符串输出到显示器上。puts()函数输出时将 '\0' 置换成 '\n'，即输出字符串后自动换行。例如：

```
char s[]="Computer\nProgram";
puts(s);
```

输出结果为：

```
Computer
Program
```

输出过程中遇到 '\n' 换行，同时输出完字符串后又自动换行。

2. 字符串输入函数gets()

调用格式：gets(字符数组)

功能：将从键盘上输入的一个字符串以字符串的形式存放到字符数组中。gets()函数以按回车键结束字符串输入，并将其转换为'\0'存入字符串尾部。函数的返回值是字符数组的首地址。

【例5.16】从键盘上输入字符串 "How are you?"，并将其显示在显示屏上。

```
#include <stdio.h>
int main()
{   char st[20];
    printf("Input string:");
```

```
    gets(st);                        /* 从键盘输入字符串，并赋值给st */
    puts(st);                        /* 输出字符串st */
    return 0;
}
```

程序运行结果：

```
Input string:How are you? ↙
How are you?
```

3. 字符串连接函数 strcat()

调用格式：**strcat(** 字符数组1，字符数组2或字符串常量 **)**

功能：将字符数组2或字符串常量连接到字符数组1的后面。函数的返回值是字符数组1的首地址。

注意：连接的结果放在字符数组1中，因此，字符数组1的长度必须足够大。在连接时，字符数组1原来的结束标志'\0'会被删除，只在连接后的新字符串最后保留一个'\0'。

【例5.17】连接两个字符串"Beijing and "和"Shanghai."，并输出连接之后的字符串。

```
#include <stdio.h>
#include <string.h>
int main()                               /* 程序需要使用的库函数在string.h文件中 */
{   char s1[40]="Beijing and ";          /* 定义一维字符数组s1，并初始化 */
    char s2[20]="Shanghai.";             /* 定义一维字符数组s2，并初始化 */
    printf("%s\n",strcat(s1,s2));  /* 连接两个字符串，并输出连接后的字符串s1 */
    return 0;
}
```

程序运行结果：

```
Beijing and Shanghai.
```

4. 字符串复制函数 strcpy()

调用格式：**strcpy(** 字符数组1，字符数组2或字符串常量 **)**

功能：将字符数组2或字符串常量中的字符串复制到字符数组1中，连同结束标志'\0'也一起复制，字符数组1中原来的内容被覆盖。函数的返回值是字符数组1的首地址。

【例5.18】字符串复制函数应使用示例。

```
#include <stdio.h>
#include <string.h>
int main()
{   char s1[20]="Beijing",s2[20]="Shanghai";
    strcpy(s1,s2);                       /* 将字符数组s2复制到s1中 */
    strcpy(s2,"Hangzhou");               /* 将字符串"Hangzhou"复制到s2中 */
    puts(s1);                            /* 输出s1的值 */
    puts(s2);                            /* 输出s2的值 */
    return 0;
}
```

程序运行结果：

```
Shanghai
Hangzhou
```

5. 字符串比较函数strcmp()

调用格式：strcmp(字符串1,字符串2)

功能：比较两个字符串的大小。字符串的比较规则是，对两个字符串中的字符从左向右逐个比较其ASCII码值，直到出现第一个不同的字符或遇到'\0'为止。若两个字符串全部字符相同，则认为相等；若出现不相同的字符，则以第一个不相同的字符的比较结果为准。函数的返回值有三种取值：字符串1=字符串2，则函数值为0；字符串1>字符串2，则函数值为大于0的整数；字符串1<字符串2，则函数值为小于0的整数。例如："abc"<"abda"，"ABCD">"12345"，"ABCD"<"ABCD0"。

【例5.19】比较两个字符串 "uvw"和"uVwxyz"的大小。

```c
#include <stdio.h>
#include <string.h>
int main()
{   char s1[]="uvw",s2[]="uVwxyz";
    if(strcmp(s1,s2)==0)        /* 若字符串s1、s2相等，则输出s1=s2 */
        printf("s1=s2");
    else if(strcmp(s1,s2)>0)    /* 若字符串s1大于字符串s2，则输出s1>s2 */
            printf("s1>s2");
        else
            printf("s1<s2");        /* 若字符串s1小于字符串s2，则输出s1<s2 */
    printf("\n");
    return 0;
}
```

程序运行结果：

```
s1>s2
```

6. 字符串长度测试函数strlen()

调用格式：strlen(字符数组或字符串常量)

功能：测试字符数组或字符串常量的实际长度（不含结束标志'\0'），并返回字符数组或字符串常量的长度。

注意：计算长度时，只计算结束标志'\0'之前的字符，而不管结束标志'\0'之后是什么字符。例如，调用strlen("abcd\0ef\0g")的返回值是4。

【例5.20】字符串长度测试函数的应用示例。

```c
#include <stdio.h>
#include <string.h>
int main()
{   char s[]="Hello human";
    int n1,n2,n3;
    n1=strlen(s);                /* 计算字符数组s的长度，并将其赋值给n1 */
    n2=strlen("123");            /* 计算字符串"123"的长度，并将其赋值给n2 */
```

```
    n3=strlen("");                /* 计算字符串""的长度，并将其赋值给n3 */
    printf("n1=%d, n2=%d, n3=%d",n1,n2,n3);
    printf("\n");
    return 0;
}
```

程序运行结果：

```
n1=11, n2=3, n3=0
```

7. 大写字母转小写字母函数 strlwr()

调用格式：strlwr(字符串)

功能：将字符串中的大写字母转换成小写字母。

8. 小写字母转大写字母函数 strupr()

调用格式：strupr(字符串)

功能：将字符串中的小写字母转换成大写字母。

【例5.21】大小写字母转换函数的应用示例。

```
#include <stdio.h>
#include <string.h>
int main()
{    char s1[]="CHinA";
     char s2[]="Beijing";
     printf("%s, %s\n",strlwr(s1),strupr(s2));
     return 0;
}
```

程序运行结果：

```
china, BEIJING
```

5.4.4 字符数组程序举例

【例5.22】任意输入三个字符串，并找出其中最大的一个。

设有三个一维字符数组 s1[N]、s2[N]、s3[N]，将输入的三个字符串分别存放在这三个一维字符数组中。用 strcmp() 函数比较字符串的大小。首先比较前两个，把较大者使用 strcpy() 函数复制到一维字符数组变量 str 中，再比较 str 和第三个字符串。

根据上述分析，算法可以用图5-7所示的N-S图描述。

基于图5-7所描述的算法编写的程序如下：

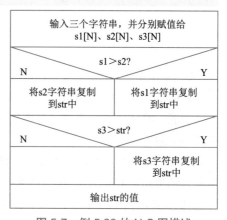

图 5-7　例 5.22 的 N-S 图描述

```
#include <stdio.h>
#include <string.h>
#define N 30                    /* 宏定义字符串的最大长度N为30 */
int main()
{    char s1[N],s2[N],s3[N];
```

```
    char str[N];                   /* 定义字符数组str用于存放最大的一个字符串 */
    printf("Input 3 strings:\n");
    gets(s1);
    gets(s2);
    gets(s3);
    if(strcmp(s1,s2)>0)            /* 若s1>s2，则将s1字符串复制到str中 */
        strcpy(str,s1);
    else                           /* 若s1≤s2，则将s2字符串复制到str中 */
        strcpy(str,s2);
    if(strcmp(s3,str)>0)           /* 若s3>str，则将s3字符串复制到str中 */
        strcpy(str,s3);
    printf("The largest string is:\n%s\n",str);
    return 0;
}
```

程序运行结果：

```
Input 3 strings:
China✓
Brazil✓
America✓
The largest string is:
China
```

【例5.23】编写一个程序，输入若干个学生的姓名，然后在其中查找指定的姓名。

将该班学生的姓名存入数组name。输入要查找学生的姓名，与name数组中每个学生的姓名进行比较。找到相同的字符串打印"Yes"，否则打印"No"。程序如下：

```
#include <stdio.h>
#include <string.h>
#define N 3                    /* 宏定义学生人数N为3 */
int main()
{   char name[N][20],s[20];
    int i;
    printf("Please enter the names of 5 students:\n");
    for(i=0;i<N;i++)
        scanf("%s",name[i]);
    printf("Please enter student name:\n");
    scanf("%s",s);
    for(i=0;i<N;i++)               /* 查找学生姓名是否存在 */
        if(strcmp(s,name[i])==0)
            break;
    if(i<N)                        /* 若查找成功，则输出Yes */
        printf("Yes\n");
    else                           /* 若查找不成功，则输出No */
        printf("No\n");
    return 0;
}
```

程序运行结果：

```
Please enter the names of 5 students:
wangming↙
zhangwen↙
chenhong↙
Please enter student name:
chenhong↙
Yes
```

【例5.24】将N个国家名按字母顺序排序后输出。

本问题属于多个字符串的排序问题。定义一个二维字符数组 s[N][M]，把此二维字符数组看成N个一维字符数组 s[0], s[1], …, s[N]，从键盘上输入N个国家名分别存放在这N个一维数组中（M表示国家名的最大长度），然后对这N个字符串按字母顺序排序。程序如下：

```c
#include <stdio.h>
#include <string.h>
#define N 5                      /* 宏定义国家数量N为5 */
#define M 15                     /* 宏定义国家名M的最大长度为15 */
int main()
{   char s[N][M],str[M];         /* s[N][M]存放国家名，str[M]临时存放国家名 */
    int i,j;
    printf("Input %d strings:\n",N);
    for(i=0;i<N;i++)             /* 输入N个国家名 */
        gets(s[i]);
    printf("\n");
    for(i=0;i<N-1;i++)           /* 二重循环实现国家名按字母顺序排列 */
        for(j=i+1;j<N;j++)
            if(strcmp(s[i],s[j])>0)
            {   strcpy(str,s[i]);
                strcpy(s[i],s[j]);
                strcpy(s[j],str);
            }
    for(i=0;i<N;i++)
        printf("%s  ",s[i]);
    printf("\n");
    return 0;
}
```

程序运行结果：

```
Input 5 strings:
China↙
Brazil↙
America↙
Japan↙
France↙
```

America　Brazil　China　France　Japan

┃5.5　程序举例

视 频
程序举例

【例5.25】从键盘输入5名学生的姓名，要求找出姓名中字符最长的一个。

对输入的5名学生的姓名，通过for循环利用strlen()函数逐次对5名学生的姓名进行比较，取出字符数最多者。程序如下：

```c
#include <stdio.h>
#include <string.h>
int main()
{   static char name[5][40];
    char max[40]="Max name:";
    int i,maxlen=0,count=0;
    printf("Please enter the names of 5 students:\n");
    for(i=0;i<5;i++)
        gets(name[i]);
    for(i=0;i<5;i++)                    /* 比较5名学生的姓名长度 */
    {   if(maxlen<strlen(name[i]))
        {   maxlen=strlen(name[i]);
            count=i;
        }
    }
    strcat(max,name[count]);            /* 通过strcat()函数连接两个字符串 */
    puts(max);                          /* 输出连接后的字符串 */
    return 0;
}
```

程序运行结果：

```
Please enter the names of 5 students:
Zhang↙
Li↙
Wang↙
Chen↙
Wei↙
Max name:Zhang
```

【例5.26】删除字符串中指定的一个字符。

```c
#include <stdio.h>
int main()
{   char s[]="123*4**56789";
    char c='*';
    int j=0,k=0;
    while(s[j]!='\0')                   /* 删除字符串中指定的字符 */
```

```
    {   if(s[j]!=c)
        {   s[k]=s[j];
            k++;
        }
        j++;
    }
    s[k]='\0';                          /* 对处理过的字符串加上结束标志'\0' */
    printf("%s\n",s);
    return 0;
}
```

程序运行结果：

```
123456789
```

‖ 小　　结

本章主要介绍了数组的基本概念，包括数组的定义、数组的存储、数组的初始化方法、数组元素的引用、数组元素的输入和输出方法。

注意 C 语言数组的下标是从 0 开始的，所以在实际引用数组元素时下标要减 1。对于字符型的数组元素，最后一个字符是字符串结束标志 '\0'，所以在定义数组时要预先留出结束标志 '\0' 的位置。另外数组名本身可以表示数组的首地址。

C 语言使用字符数组存储字符串，并且为方便字符串处理，专门提供了功能丰富的赋值、连接、比较等字符串操作函数。

‖ 习　　题

一、单选题

1. 若有说明 int a[ ][3]={1,2,3,4,5,6,7};，则 a 数组第一维的大小是（　　）。

    A. 2　　　　　　　　B. 3　　　　　　　　C. 4　　　　　　　　D. 不正确

2. 下列定义正确的是（　　）。

    A. static int a[ ]={1,2,3,4,5};　　　　　　　B. int b[ ]={2,5};

    C. int a(10);　　　　　　　　　　　　　　D. int 4e[ ];

3. 假设 array 是一个有 10 个元素的整型数组，则下列写法中正确的是（　　）。

    A. array[0]=10　　B. array=0　　　　C. array[10]=0　　D. array[-1]=0

4. 下面程序段的输出结果是（　　）。

```
static char str[10]={"china"};
printf("%d",strlen(str));
```

    A. 10　　　　　　　　B. 6　　　　　　　　C. 5　　　　　　　　D. 0

5. 下面程序段的输出结果是（　　　）。

```
char str[]="ab\n\012\\\"";
printf("%d",strlen(str));
```

A. 3　　　　　　　　B. 4　　　　　　　　C. 6　　　　　　　　D. 12

二、填空题

1. 下面程序的输出结果是_____。

```
#include <stdio.h>
int main()
{   int i,j,k,n[3];
    for(i=0;i<3;i++)
        n[i]=0;
    k=2;
    for(i=0;i<k;i++)
        for(j=0;j<k;j++)
            n[j]=n[i]+1;
    printf("%d\n ",n[1]);
    return 0;
}
```

2. 下面程序的输出结果是_____。

```
#include <stdio.h>
int main()
{   int i,j,n=1,a[2][3];
    for(i=0;i<2;i++)
        for(j=0;j<3;j++)
            a[i][j]=n++;
    for(i=0;i<2;i++)
        for(j=0;j<3;j++)
            printf("%4d ",a[i][j]);
    printf("\n");
    return 0;
}
```

3. 下面程序的功能是将字符数组 s 中的所有字符 c 删除。补足所缺语句。

```
#include <stdio.h>
int main()
{   char s[80];
    int i,j;
    gets(s);
    for(i=j=0;s[i]!='\0';i++)
        if(s[i]!='c')  _____;
    s[j]='\0';
    puts(s);
```

```
        return 0;
}
```

4. 下面程序的输出结果是_____。

```
#include <stdio.h>
int main()
{   char ch[8]={"652ab31"};
    int i,s=0;
    for(i=0;ch[i]>'0'&&ch[i]<='9';i+=2)
        s=10*s+ch[i]-'0';
    printf("%d\n ",s);
    return 0;
}
```

5. 下面程序的功能是删除字符串s中的数字字符，请填空。

```
#include <stdio.h>
int main()
{   char s[]="1ds34e3jfjjjr233";
    int j,k;
    for(j=0,k=0;s[j];j++)
        if(s[j]>='0'_____s[j]<='9')
        {   s[k]=s[j];
            _____;
        }
    s[k]=_____;
    return 0;
}
```

三、编程题

1. 定义含有10个元素的数组，并将数组中的元素按逆序重新存放后输出。

2. 在一维数组中找出值最小的元素，并将其值与第一个元素的值对调。

3. 假设10个整数用一个一维数组存放，编写一个程序求其最大值和次大值。

4. 有一个$n \times n$的矩阵，求两个对角线元素的和。

5. 输入几名学生的成绩，在第一行输出成绩，在第二行输出该成绩的名次。

6. 编写程序，将两个字符串连接起来，不要用strcat()函数。

7. 输入一串字符，以'?'结束，统计其中每个数字0, 1, 2, …, 9出现的次数。

第6章
函数与编译预处理命令

　　函数是 C 语言程序的基本模块。模块化的程序设计结构清晰、减少重复编写程序的工作量、提高程序的可读性和可维护性。本章主要介绍函数的定义与调用、函数间的数据传递方式、函数的嵌套和递归调用、变量的作用域和存储类别以及编译预处理命令等相关内容。

6.1　函数概述

6.1.1　模块化程序设计方法

　　通常人们在求解一个较大规模或功能复杂的问题时，一般都采用逐步分解、分而治之的方法，也就是把一个较大规模或功能复杂的问题分解成若干个比较容易求解的小问题，然后分别求解。程序员在设计一个较大规模或功能复杂的程序时，往往也是首先把整个程序划分为若干个功能较为单一的程序模块，然后分别予以实现，最后再把所有的程序模块像搭积木一样装配起来，形成一个完整的程序，从而达到所要求的目的。这种在程序设计过程中逐步分解、分而治之的策略，称为模块化程序设计方法。

　　在 C 语言中，函数是程序的基本组成单位，利用函数，可以实现模块化程序设计，从而避免大量的重复工作、简化程序，提高程序的可读性和可维护性。

6.1.2　函数的分类

　　① 从函数定义的角度，函数可分为库函数和用户自定义函数两种。库函数是由系统提供的已设计好的函数，用户可以直接调用，如常用的数学函数、字符串处理函数、输入/输出函数等。对每一类库函数，系统都提供了相应的头文件，该头文件中包含了这一类库函数的声明。如数学函数的声明包含在 "math.h" 文件中，所以程序中如果要用到库函数时，在程序文件的开头应使用#include命令包含相应的头文件。用户自定义函数是用户根据自身需要编写的函数，以解决用户的专门需要。

　　② 从函数是否具有返回值的角度，函数分为有返回值函数和无返回值函数两种。

　　③ 从函数是否带有参数的角度，函数分为有参函数和无参函数两种。

6.1.3　函数的定义

　　定义函数的一般形式为：

　　类型说明符　函数名 ([*形式参数列表*])

```
{
    定义与声明部分
    执行语句部分
}
```

类型说明符指出该函数通过return语句返回值的类型，如果没有返回值，则其类型说明符应为"void"，即空类型。形式参数之间用逗号隔开。

【例6.1】编写一个函数，输出由指定字符组成的分隔条。

```
#include <stdio.h>
#include <string.h>
void line(char c,int n)/* 输出由字符组成的分隔条的函数，字符的个数为n个 */
{   int i;
    for(i=1;i<=n;i++)   /* 循环n次，输出n个字符 */
        putchar(c);
    printf("\n");
}
int main()
{   line('*',33);       /* 调用函数，并传送'*'字符以及输出的'*'的个数33 */
    printf("   Let's study the C language!\n");
    line('*',33);       /* 调用函数，并传送'*'字符以及输出的'*'的个数33 */
    return 0;
}
```

程序运行结果：

```
*********************************
    Let's study the C language!
*********************************
```

6.2　函数的调用与形参和实参

在C语言中，一个函数调用另一个函数称为函数调用。其调用者称为调用函数，被调用的函数称为被调用函数。

在定义函数时，函数名后面圆括号中的变量称为形式参数，简称形参。调用一个函数时，调用函数名后面圆括号中的常量、变量、表达式及函数称为实际参数，简称实参。在函数调用时，调用函数把实参的值传递给被调用函数的形参，从而实现调用函数向被调用函数的数据传递。

● 视 频
函数的调用

6.2.1　函数的调用方式

函数调用的一般形式为：

```
函数名([实参列表])
```

实参可以是常量、变量、表达式及函数，各实参之间用逗号隔开，如果函数没有参数，则括号内为空。

函数的调用有三种方式：

① 函数表达式。函数的调用出现在表达式中。例如：

```
s=area(3,4,5);
```

是一个赋值表达式，表示把area()函数的返回值赋予变量s。

② 函数语句。函数的调用是一个单独的语句。例如：

```
printf("I love China.\n");
scanf("%d",&a);
```

都是以函数语句的方式调用函数。

③ 函数参数。函数的调用出现在参数的位置。例如：

```
printf("%d",min(x,y));
```

把min()函数的返回值作为printf()函数的实参来使用。

在函数的调用中还应该注意求值顺序的问题，所谓求值顺序是指对实参表中各变量是自左至右使用，还是自右至左使用。对此，各C语言系统的规定不一定相同。

【例6.2】求 m 个元素中取出 n 个元素的组合数。

求组合的公式为： $C_m^n = \dfrac{m!}{n!(m-n)!}$

公式中出现了3次计算阶乘 $m!$、$n!$、$(m-n)!$，因此编写一个函数计算阶乘，主函数3次调用计算阶乘的函数，即可完成组合的计算。程序如下：

```
#include <stdio.h>
long fac(int n)            /* 计算阶乘的函数 */
{    long t=1;
     int k;
     for(k=2;k<=n;k++)
         t=t*k;
     return(t);
}
int main()
{    long cmn;
     int m,n,t;
     printf("input m,n=");
     scanf("%d,%d",&m,&n);
     if(m<n)               /* 若m<n，则交换m、n的值 */
     {   t=m; m=n; n=t;   }
     cmn=fac(m);           /* 调用fac函数计算m! */
     cmn=cmn/fac(n);       /* 调用fac函数计算n!，并计算m!/n! */
     cmn=cmn/fac(m-n);     /* 调用fac函数计算(m-n)!，并计算m!/(n!(m-n)!) */
     printf("cmn=%ld\n",cmn);
     return 0;
}
```

程序运行结果：

```
input m,n=10,3↙
cmn=120
```

6.2.2　函数的原型声明

函数可以放在程序中的任何位置，如果用户自定义的函数出现在调用函数之后，就需要在调用函数之前对函数的原型做声明。函数的原型声明就是在使用一个函数前，对一个函数预先做的一个声明，其目的是向编译系统声明将要调用哪些函数，并将有关被调用函数的一些信息（函数返回值类型、函数名、参数个数及各参数类型等）通知编译系统。

函数的原型声明的一般形式为：

```
类型说明符 被调函数名(参数类型1,参数类型2,…);
```

或

```
类型说明符 被调函数名(参数类型1,形参1,参数类型2,形参2,…);
```

例如，在例6.1中，如果用户自定义的函数line()出现在主函数main()的之后，那么在程序的#include <string.h> 下面，加上如下形式的自定义函数line()的原型声明即可：

```
void line(char c,int n);
```

或

```
void line(char,int);
```

说明：如果函数的原型声明放在源文件的开头，则该声明对整个源文件都有效；如果函数的原型声明是在调用函数定义的内部，则该声明只对该调用函数有效。例如，在例6.1中函数的原型声明也可以放在主函数main()内，此时声明仅在main()内有效。

▌6.3　函数的参数传递方式与函数的返回值

● 视频

6.3.1　函数的参数传递方式

参数传递，是在程序运行过程中，实参将参数值传递给相应的形参，然后在函数中实现对数据处理和返回的过程。在C语言中，参数的类型不同，其传递方式也不同。

函数的参数传递方式与函数的返回值

1. 简单变量作为函数参数

简单变量作为函数参数时，调用函数把实参的值传递给被调用函数的形参。进行数据传递时，形参和实参具有以下特点：

① 形参变量只有在被调用时才分配临时内存单元，在调用结束时，立即释放所分配的内存单元。因此，形参变量只有在函数内部使用，函数调用结束返回调用函数后，则不能再使用该形参变量。

② 函数调用中发生的数据传递是单向的（也被称为"值传递"方式），即只能把实参的值传递给形参，而不能把形参的值反向地传递给实参。因此在函数调用过程中，形参变量的值发生改变，而实参的值不会发生变化。

【例6.3】编写一个程序，将调用函数中的两个实参的值传递给被调用的函数swap()函数中的两个形参，交换两个形参的值。

```c
#include <stdio.h>
void swap(int x,int y)           /* 简单变量x、y作被调函数的形参 */
{   int t;
    t=x; x=y; y=t;               /* 通过中间变量t，进行数据交换 */
    printf("x=%d, y=%d\n",x,y);
}
int main()
{   int a=10,b=20;
    swap(a,b);                   /* 调用swap()函数时，简单变量a,b作实参 */
    printf("a=%d, b=%d\n",a,b);
    return 0;
}
```

程序运行结果：

```
x=20, y=10
a=10, b=20
```

在调用函数中调用swap()函数，将实参a的值10传递给形参x，将实参b的值20传递给形参y，在swap()函数中将x和y的值交换，然后返回调用它的函数。由于形参的值不会回传给实参，因此，在调用函数中输出a的值仍然为10，b的值仍然为20。

2. 数组作为函数的参数

（1）数组元素作为函数的实参

数组元素作为函数的实参使用与简单变量作为实参使用完全相同，在发生函数调用时，把作为实参的数组元素的值传递给形参，实现单向的值的传递。

【例6.4】一个班学生的成绩已存入一个一维数组中，调用函数统计及格的学生人数。

```c
#include <stdio.h>
#define N 10
int fun(int x)                   /* 简单变量作为被调函数的形参 */
{   if(x>=60)
        return(1);               /* 若学生的成绩及格返回1 */
    else
        return(0);               /* 若学生的成绩不及格返回0 */
}
int main()
{   int cj[N]={76,80,65,60,58,91,47,63,70,85};
    int count=0,k;
    for(k=0;k<N;k++)
        if(fun(cj[k]))           /* 调用fun函数时，数组元素cj[k]作实参 */
            count++;             /* 若fun(cj[k])的值为1，则及格人数加1 */
    printf("count=%d\n",count);
    return 0;
}
```

程序运行结果：

```
count=8
```

（2）数组名作为函数的参数

数组名代表数组的首元素的地址，也就是数组的首地址。数组名作为函数参数参与函数调用时，把内容为数组首地址的实参传递给对应的形参（形参是数组名或指针变量），这样形参数组和实参数组实际上占用相同的内存单元，对形参数组中某一元素的访问，也就是访问相应实参数组中的对应元素，也即对形参数组中某一元素所做的改变，就是对与其对应的实参数组元素值的改变。

【例6.5】一个班学生的成绩已存入一个一维数组中，调用函数求学生的平均成绩。

```c
#include <stdio.h>
#define N 10
float average(float x[N])        /* 数组作为被调函数的形参 */
{    float sum=0,aver;
     int k;
     for(k=0;k<N;k++)            /* 计算成绩之和 */
         sum+=x[k];
     aver=sum/N;                 /* 计算平均成绩 */
     return(aver);
}
int main()
{    float cj[N],aver;
     int k;
     printf("input %d scores:\n",N);
     for(k=0;k<N;k++)            /* 通过键盘输入N个学生的成绩 */
         scanf("%f",&cj[k]);
     aver=average(cj);           /* 调用average()函数时，数组名cj作为实参 */
     printf("average score is:%.1f\n",aver);
     return 0;
}
```

程序运行结果：

```
input 10 scores:
78 67 60 58 90 88 71 54 62 80↙
average score is:70.8
```

【例6.6】使用调用函数的方法，将两个字符串连接成一个字符串。

```c
#include <stdio.h>
#define M 50                    /* 定义第一个字符串的最大长度 */
#define N 25                    /* 定义第二个字符串的最大长度 */
void cat_str(char str1[M],char str2[N])     /* 字符数组作为被调函数的形参 */
{    int i=0,j=0;
     while(str1[i]!='\0')        /* 测出第一个字符串的长度 */
         i++;
```

```
        while(str2[j]!='\0')           /* 将第二个字符串连接到第一个字符串的后面 */
        {    str1[i]=str2[j];
             i++;
             j++;
        }
}
int main()
{    char str1[M]={'A','B','C'};
     char str2[N]={'D','E','F','G','H'};
     printf("str1:%s\n",str1);
     printf("str2:%s\n",str2);
     cat_str(str1,str2);                          /* 调用函数时字符数组名作实参 */
     printf("strcat string:%s\n",str1);           /* 输出连接后的字符串 */
     return 0;
}
```

程序运行结果：

```
str1:ABC
str2:DEFGH
strcat string:ABCDEFGH
```

注意：在被调函数中可以说明形参数组的大小，也可以不说明形参数组的大小。例如，在例 6.5 和例 6.6 中，可以写成：average(float x[])和 cat_str(char str1[],char str2[])。实际上指定形参数组的大小不起任何作用。因为，C 语言编译系统对形参数组的大小不做检查，只是将实参数组的起始地址传递给对应的形参数组。有时为了处理的需要，可以设置另一个参数传递需要处理的数组元素的个数。另外，实参数组名和形参数组名可一致，也可以取不同的数组名。

（3）多维数组名作为函数的参数

多维数组名作为函数的参数时，除第一维可以不指定长度外（也可以指定），其余各维都必须指定长度。

【例 6.7】使用调用函数的方法，求 3×4 矩阵中最大和最小的元素。

```
#include <stdio.h>
#define M 3                     /* 定义矩阵的行数 */
#define N 4                     /* 定义矩阵的列数 */
void put_matrix(int a[M][N])    /* 输出矩阵的函数 */
{    int i,j;
     printf("array is:\n");
     for(i=0;i<M;i++)
     {    for(j=0;j<N;j++)
               printf("%4d",a[i][j]);
          printf("\n");
     }
     printf("\n");
}
```

```
void max(int a[][N],int b[])            /* 求矩阵元素中最大值和最小值的函数 */
{   int i,j;
    b[0]=a[0][0];                       /* 假设矩阵的第1行第1列的元素是最大的 */
    b[1]=a[0][0];                       /* 假设矩阵的第1行第1列的元素是最小的 */
    for(i=0;i<M;i++)
    {   for(j=0;j<N;j++)
        {   if(a[i][j]>b[0])            /* 将矩阵中最大的元素存放在b[0]中 */
                b[0]=a[i][j];
            if(a[i][j]<b[1])            /* 将矩阵中最小的元素存放在b[1]中 */
                b[1]=a[i][j];
        }
    }
}
int main()
{   int b[2],a[M][N]={{2,-1,6,8},{11,45,-25,0},{55,18,3,-7}};
    put_matrix(a);
    max(a,b);                           /* 调用函数时数组名作实参 */
    printf("max value is:%d\nmin value is:%d\n",b[0],b[1]);
    return 0;
}
```

程序运行结果：

```
array is:
   2  -1   6   8
  11  45 -25   0
  55  18   3  -7
max value is:55
min value is:-25
```

【例6.8】使用调用函数，实现 $N \times N$ 矩阵的转置。

```
#include <stdio.h>
#define N 3
void put_matrix(int a[N][N])            /* 输出矩阵的函数 */
{   int i,j;
    for(i=0;i<N;i++)
    {   for(j=0;j<N;j++)
            printf("%4d",a[i][j]);
        printf("\n");
    }
    printf("\n");
}
void fun(int b[][N])                    /* 实现矩阵转置的函数 */
{   int i,j,t;
    for(i=0;i<N;i++)                    /* 将b矩阵i行j列元素和j行i列元素交换 */
        for(j=i+1;j<N;j++)
```

```
        {   t=b[i][j];
            b[i][j]=b[j][i];
            b[j][i]=t;
        }
}
int main()
{   int c[N][N]={{1,55,66},{35,1,75},{25,45,1}};
    printf("original matrix:\n");
    put_matrix(c);              /* 调用输出矩阵的函数，输出原始矩阵 */
    fun(c);                     /* 调用实现矩阵转置的函数 */
    printf("transposed matrix:\n");
    put_matrix(c);              /* 调用输出矩阵的函数，输出转置矩阵 */
    return 0;
}
```

程序运行结果：

```
original matrix:
    1  55  66
   35   1  75
   25  45   1
transposed matrix:
    1  35  25
   55   1  45
   66  75   1
```

6.3.2　函数的返回值

函数调用之后的结果称为函数的返回值，函数的返回值通过 return 语句来实现。return 语句的一般形式为：

```
return;
return 表达式;
return(表达式);
```

说明：

① 在一个函数中允许有多个 return 语句，流程执行到其中一个 return 时，立即返回调用函数。

② 当函数定义时的类型与返回值中表达式的类型不一致时，系统将函数返回语句中表达式的类型转换为函数定义时的类型。

【例6.9】求一个实数的绝对值。

```
#include <stdio.h>
float xabs(float x)                  /* 求一个实数的绝对值的函数 */
{   if(x<0)
        return(-x);
    else
        return(x);
```

```
}
int main()
{   float x,y;
    printf("input x=");
    scanf("%f",&x);
    y=xabs(x);                          /* 调用xabs()函数，并将其结果赋值给y */
    printf("y=%f\n",y);
    return 0;
}
```

程序运行结果：

```
input x=-3.5↙
y=3.500000
```

6.4 函数的嵌套调用与递归调用

6.4.1 函数的嵌套调用

被调用的函数还可以继续调用其他函数，称为函数的嵌套调用。函数的嵌套调用执行过程如图6-1所示。

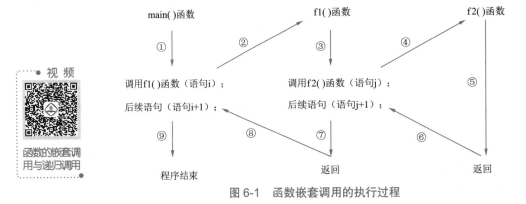

图 6-1 函数嵌套调用的执行过程

【例6.10】函数的嵌套调用示例。

```
#include <stdio.h>
void f2()                              /* 定义函数f2() */
{   printf(" BBB\n");
}
void f1()                              /* 定义函数f1() */
{   printf("  A\n");
    f2();                              /* 调用函数f2() */
}
int main()
{   f1();                              /* 调用函数f1() */
```

```
        printf("CCCCC\n");
        return 0;
    }
```

程序运行结果：

```
  A
 BBB
CCCCC
```

6.4.2 函数的递归调用

一个函数在它的函数体内，直接或间接地调用函数自身，称为函数的递归调用。根据函数递归调用的方式分为直接递归调用和间接递归调用。例如，在调用fun1()函数的过程中，又出现了调用fun1()函数，这称为直接递归调用。而在调用fun1()函数过程中出现了先调用fun2()函数，又在调用fun2()函数过程中出现了调用fun1()函数，这称为间接递归调用。

递归调用分为两个阶段：

① 递推阶段：将一个原始问题分解为一个新的问题，而这个新的问题的解决方法仍与原始问题的解决方法相同，逐步从未知向已知推进，最终达到递归结束条件，递推阶段结束。

② 回归阶段：从递归结束条件出发，沿递推的逆过程，逐一求值回归，直至递推的起始处，结束回归阶段，完成递归调用。

值得注意的是，为了防止递归调用无终止地进行，必须在递归函数的函数体中给出递归终止条件，当条件满足时则结束递归调用，返回上一层，从而逐层返回，直到返回最上一层而结束整个递归调用。

【例6.11】用递归方法求 $n!$ 。

$$n! = \begin{cases} 1 & \text{当} n=0 \text{或} 1 \text{时} \\ n \times (n-1)! & \text{当} n > 1 \text{时} \end{cases}$$

当 $n>1$ 时，$n!=n \times (n-1)!$，因此求 $n!$ 的问题转化成了求 $(n-1)!$ 的问题，而求 $(n-1)!$ 的问题与求 $n!$ 的解决方法相同，只是求阶乘的对象的值减去1。当 n 的值递减至1时，$n!=1$，从而使递归得以结束。如果把求 $n!$ 写成函数 fact(n) 的话，则 fact(n) 的实现依赖于 fact(n-1)，同理 fact(n-1) 的实现依赖于 fact(n-2)……最后 fact(2) 的实现依赖于 fact(1)，fact(1)=1。由于已知 fact(1)，就可以往回推，计算出 fact(n)。程序如下：

```
#include <stdio.h>
int fact(int n)
{   int f;
    if(n==0||n==1)                  /* 当n=0或n=1时，递归结束 */
        f=1;
    else
        f=n*fact(n-1);              /* 递归调用fact()函数，并将值赋给f */
    return(f);                      /* 返回f的值 */
}
int main()
{   int n,f;
```

```
    printf("input n=");
    scanf("%d",&n);
    f=fact(n);                        /* 调用fact()函数，并将返回值赋给f */
    printf("%d!=%d\n",n,f);
    return 0;
}
```

程序运行结果：

```
input n=5↙
5!=120
```

递归调用的具体过程如图6-2所示。

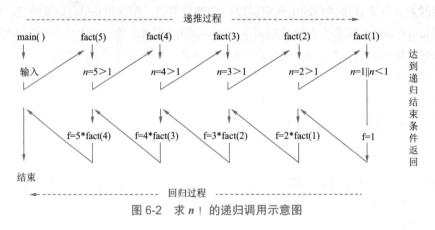

图 6-2　求 *n* ! 的递归调用示意图

【例6.12】用函数的递归调用的方法，求斐波那契（Fibonacci）数列的第*n*项。

斐波那契数列的规律是：每个数等于前两个数之和。即斐波那契数列的第*n*项 fibona(n)= fibona(n-1)+ fibona(n-2)，第*n*-1项 fibona(n-1)= fibona(n-2)+ fibona(n-3)……最后 fibona(3)= fibona(2)+ fibona(1)。即当*n*=1、*n*=2时，就可以往回推，计算出 fibona(n)。程序如下：

```
#include <stdio.h>
long fibona(int n)
{  long f;
   if(n==1||n==2)                     /* 当n=1或n=2时，递归结束 */
       f=1;
   else
       f=fibona(n-1)+fibona(n-2);     /* 递归调用 */
   return(f);
}
int main()
{  long int n;
   printf("input n=");
   scanf("%ld",&n);
   printf("fibonacci=%ld\n",fibona(n));
   return 0;
}
```

程序运行结果：

```
input n=20↙
fibonacci=6765
```

▌6.5　变量的作用域与存储类别

6.5.1　局部变量和全局变量

在 C 语言中，所有的变量都有自己的作用域。变量的作用域是指变量在程序中的有效范围。变量定义的位置不同，其作用域也不同。变量按照作用域分为局部变量和全局变量，也称为内部变量和外部变量。

如果变量定义在某函数或复合语句内部，则称该变量为局部变量。即局部变量只在定义它的函数内部或复合语句内有效。

如果变量定义在所有函数外部，则称该变量为全局变量。即全局变量的作用范围是从定义变量的位置开始到本程序文件结束，也即全局变量可以被在其定义位置之后的其他函数所共享。

视频 ●
变量的作用域与存储类别

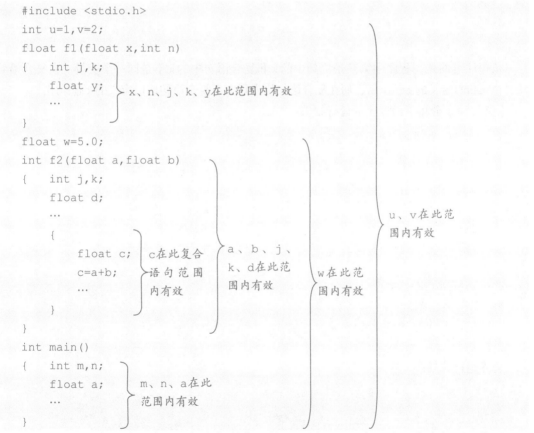

```
#include <stdio.h>
int u=1,v=2;
float f1(float x,int n)
{   int j,k;
    float y;                  x、n、j、k、y在此范围内有效
    ...
}
float w=5.0;
int f2(float a,float b)
{   int j,k;
    float d;
    ...
    {
        float c;          c在此复合      a、b、j、
        c=a+b;            语 句 范 围     k、d在此范
        ...                内有效          围内有效      w在此范     u、v在此范
    }                                                    围内有效     围内有效
}
int main()
{   int m,n;
    float a;           m、n、a在此
    ...                范围内有效
}
```

u、v、w 虽然都是全局变量，但它们的作用范围不同。u、v 在整个程序中都可以使用，而 w 只能在函数 f2() 和主函数 main() 中可以使用，不能在函数 f1() 中使用。另外，可以看出，允许

在不同的函数中使用相同的变量名（如局部变量a、j），它们代表不同的对象，分配不同的存储单元，互不干涉，也不会发生混淆。

【例6.13】下面的程序中包含有复合语句，分析其运行结果。

```
#include <stdio.h>
int main()
{   int i=2,j=3,k;
    k=i+j;
    {   int k=8;                      /* 复合语句开始 */
        if(i==2)
        {   i=3;
            printf("k1=%d\n",k);
        }
    }                                 /* 复合语句结束 */
    printf("i=%d\nk2=%d\n",i,k);
    return 0;
}
```

程序运行结果：

```
k1=8
i=3
k2=5
```

值得注意的是，程序中第三条语句中的k和复合语句中的k不是同一个变量。在复合语句块外由main()定义的k起作用，而在复合语句块内则由在复合语句块内定义的k起作用。

【例6.14】分析下面程序的运行结果。

```
#include <stdio.h>
void fun();
int n=5;                             /*   定义全局变量n */
int main()
{   int n=10;                        /*   定义局部变量n */
    fun();                           /*   调用函数fun() */
    printf("n=%d\n",n);              /*   局部变量起作用  */
    return 0;
}
void fun()
{   printf("n=%d\n",n);              /*   全局变量起作用  */
}
```

程序运行结果：

```
n=5
n=10
```

上述程序中，在main函数内定义了一个与全局变量名（语句int n=5;中的n）相同的局部变量n（语句int n=10;中的n），值为5的n是全局变量，其作用域是整个程序范围，值为10的n是局部变量，其作用域是在 main() 函数内，执行主函数时，全局变量被屏蔽不起作用，所以输出 10。fun() 函数被调用时，该函数中出现的 n 是全局变量，所以输出 5。

【例 6.15】通过键盘将一个班学生的成绩输入到一个一维数组内，使用函数调用的方法，求最高分、最低分和平均分。

程序中通过函数的返回值得到平均分，通过全局变量 max、min 分别得到最高分和最低分。

```c
#include <stdio.h>
#define NUM 10
float max,min;                    /* 定义全局变量max、min */
float average(float x[])          /* 定义函数average()用于计算平均分 */
{   float sum;
    int k;
    max=min=sum=x[0];
    for(k=1;k<NUM;k++)
    {    if(x[k]>max)             /* 若x[k]>max，则把较大值赋给max */
              max=x[k];
         if(x[k]<min)             /* 若x[k]<min，则把较小值赋给min */
              min=x[k];
         sum=sum+x[k];            /* 计算成绩的累计之和 */
    }
    return(sum/NUM);              /* 计算平均成绩，并返回平均成绩 */
}
int main()
{   float cj[NUM],aver;
    int j;
    printf("Please enter the scores of %d students:\n",Num);
    for(j=0;j<NUM;j++)
         scanf("%f",&cj[j]);
    aver=average(cj);            /* 调用计算平均分average()函数 */
    printf("max=%.1f\nmin=%.1f\naverage=%.1f\n",max,min,aver);
    return 0;
}
```

程序运行结果：

```
Please enter the scores of 10 students:
85 96 74 68 79 100 66 88 57 95↵
max=100.0
min=57.0
average=80.8
```

全局变量 max、min 在主函数和 average() 函数中起作用，其作用是在 average() 函数中求出最高分 max 和最低分 min 后，不需要将求出的 max 和 min 返回到主函数 main() 中。通过使用全局变量，可以使函数得到多个执行结果，而不局限于一个返回值。

使用全局变量时，要注意以下几个问题：

① 全局变量可以在多个函数中使用，当其中一个函数改变了全局变量的值时，可能会影响其他函数的执行结果。

② 全局变量在整个程序执行过程中始终占用内存单元，因而浪费内存单元。

③ 在一个函数内定义了一个与全局变量名相同的局部变量（或者是形参）时，局部变量有效，而全局变量在该函数内不起作用。

6.5.2 变量的动态和静态存储方式

编译后的C语言程序，在内存中占用的存储空间通常分为程序区（存放代码）、静态存储区（存放数据）和动态存储区（存放数据）三部分。其中，程序区中存放的是可执行程序的机器指令；静态存储区中存放的是需要占用固定存储单元的变量；动态存储区中存放的是不需要占用固定存储单元的变量。因而，从存储空间的角度，可把变量分为动态存储变量和静态存储变量。

动态存储变量（也称自动类变量）是指那些当程序的流程转到该函数时才开辟内存单元，执行后又立即释放的变量。静态存储变量则是指在整个程序运行期间分配固定内存单元的变量。

C语言根据变量的动态和静态存储方式提供了四种存储类别，分别是：auto（动态存储类别）、extern（外部存储类别）、register（寄存器型存储类别）和static（静态存储类别）。

一个完整的变量说明的形式如下：

```
存储类别 类型说明符 变量名表;
```

6.5.3 局部变量的存储类别

局部变量有三种存储类别：auto、static和register型。

1. auto存储类别

在函数体内或复合语句内定义变量时，如果没有指定存储类型或使用了auto，系统都认为所定义的变量为auto存储类别。auto存储类别的变量也称为自动变量。例如，以下两种定义形式是等价的：

```
auto int a=2,b;
int a=2,b;
```

函数中的局部变量，若不专门定义类别，都是动态地分配存储单元。函数中的形参和在函数中定义的变量，都属于此类，在调用函数时系统会给它们分配临时的存储单元，在函数调用结束时就自动释放这些存储单元。

【例6.16】分析下面程序的运行结果。

```
#include <stdio.h>
void fun()
{   int n=2;            /* 没有指定n的存储类别，因此n为auto存储类别的局部变量 */
    n++;
    printf("n=%d\n",n);
}
```

```
int main()
{   fun();
    fun();
    return 0;
}
```

程序运行结果：

```
n=3
n=3
```

上述程序中，函数fun()中定义的*n*为自动变量。第一次调用时，系统为*n*分配临时存储单元，*n*的初值为2，执行*n*++后，*n*的值为3，输出3。第一次调用结束后分配给*n*的存储单元被释放，第二次调用时，系统为*n*重新分配存储单元，因此输出结果仍然是3。

2. static存储类别

对于某些局部变量，如果希望在函数调用结束后仍然保留函数中定义的局部变量的值，则可以使用static存储类别将该局部变量定义为静态局部变量。例如：

```
static double x;
```

静态局部变量是在静态存储区中分配存储单元，在程序的整个执行过程中不释放，因此函数调用结束后，它的值并不消失，其值能够保持连续性。

使用静态局部变量时特别要注意初始化，静态局部变量是在编译过程中赋初值的，且只赋一次初值，以后调用函数时不再赋初值，而是保留前一次调用函数时的结果。这一点是局部静态变量和自动变量的本质区别。

例如，在例6.16中，如果将第三个语句int n=2;改为static int n=2;，即将auto存储类别的局部变量改为静态局部变量，则程序运行结果变为如下：

```
n=3
n=4
```

因为第一次调用时，系统为n分配临时存储单元，n的初值为2，执行n++后，*n*的值为3，输出3。第一次调用结束后分配给n的存储单元不释放，第二次调用时，*n*仍然使用原存储单元，不再执行static int n=2;语句，n的值不是2，而是3，再执行n++后，*n*的值为4。

3. register存储类别

自动变量和静态局部变量都存放在计算机的内存中。由于计算机从寄存器中读取数据比从内存中读取速度快，所以为了提高程序的运行速度，C语言允许将一些频繁使用的局部变量定义为register存储类别，这样程序为它分配寄存器存放，而不用内存。

【例6.17】编写一个求m^n的程序。

```
#include <stdio.h>
int power(int m,register int n)
{   register int p=1;
    for( ;n>0;n--)
        p=p*m;
    return(p);
}
```

```
int main()
{   int m,n,k;
    printf("input m,n:");
    scanf("%d,%d",&m,&n);
    k=power(m,n);
    printf("k=%d\n",k);
    return 0;
}
```

程序运行结果：

```
input m,n:5,3↙
k=125
```

在上述程序中，存放乘积的变量 p 和循环变量 n 频繁被使用，所以定义为 register 存储类别，以便提高运行速度。

使用 register 存储类别时注意：只有动态局部变量才能定义成 register 存储类别的变量，全局变量和静态局部变量不行。

6.5.4　全局变量的存储类别

全局变量有两种存储类别：extern 和 static 型。

1. extern 存储类别

（1）在一个文件内声明全局变量

在同一个源程序文件中，全局变量的定义位于引用它的函数的后面时，也可以在要引用该全局变量的函数中，用 extern 来声明该变量是全局的，然后再引用该变量。即用 extern 声明全局变量时，全局变量可以被所定义的同一个源程序文件中的各个函数共同引用。

【例 6.18】用 extern 声明全局变量，以扩展它在源程序文件中的作用域。

```
#include <stdio.h>
int main()
{   int m;
    int max(int x,int y);
    extern int a,b;                    /* 声明全局变量 */
    m=max(a,b);
    printf("max=%d\n",m);
    return 0;
}
int a=3,b=5;                           /* 定义全局变量 */
int max(int x,int y)
{   return(x>y?x:y);
}
```

程序运行结果：

```
max=5
```

上述程序中，a、b 两个全局变量先被使用后再做的定义，即定义语句在后面，使用语句在前面，在这种情况下调用函数中使用 a、b 时，必须用 extern 进行声明，否则编译就会出错。

（2）在多个文件的程序中声明全局变量

一个 C 语言程序可以由一个或多个源程序文件组成。例如，如果一个 C 语言程序包含两个文件，在两个文件中都要使用同一个全局变量，这时可以在其中一个文件中定义一个全局变量，而在另一个文件中用 extern 进行声明即可。这种声明一般应在文件的开头且位于所有函数的外面。

【例 6.19】用 extern 将全局变量的作用域扩展到其他源程序文件中举例。

文件 file1.c 的内容如下所示：

```
int n;  /* 定义全局变量n */
int main()
{   n=1;
    fun();
    printf("main():n=%d\n",n);
    return 0;
}
```

文件 file2.c 的内容如下所示：

```
extern int n;    /* 声明全局变量n */
void fun()
{   printf("fun():n=%d\n",n);
    n++;
}
```

程序运行结果：

```
fun():n=1
main():n=2
```

上述程序中，在 file1.c 文件中定义了全局变量 n，此时给它分配存储单元，在 file2.c 文件中只是对该变量进行了声明。在 main() 函数中先给 n 赋值 1，后调用 fun() 函数，fun() 函数先输出 n 的值，输出 1，后执行 n++;，得 n=2，返回 main() 函数，再输出 2。

使用 extern 存储类别的全局变量时应十分小心，因为执行一个文件的函数时，可能会改变全局变量的值，它会影响到另一个文件中函数的执行结果。

2. static 存储类别

与 extern 存储类别相反，如果希望一个源程序文件中的全局变量仅限于该文件使用，只要在该全局变量定义时的类型说明前加一个 static 即可。

【例 6.20】用 static 声明全局变量，以限制它在其他源程序文件中的使用。

文件 file1.c 的内容如下所示：

```
#include <stdio.h>
int a=2;
static int b=3;
void fun()
{   a=a+1;
    b=b+1;
    printf("a=%d,b=%d\n",a,b);
}
```

文件 file2.c 的内容如下所示：

```
#include <stdio.h>
extern int a;
int b;
int main()
{   fun();
    printf("a=%d,b=%d\n",a,b);
    return 0;
}
```

程序运行结果：

```
a=3,b=4
```

```
a=3,b=0
```

从上述运行结果可以看出，文件 file1.c 中的全局变量 a 可以在文件 file2.c 中使用，但文件 file1.c 中的静态全局变量 b 不能在文件 file2.c 中使用。

6.6 内部函数和外部函数

一个 C 语言程序可以由多个函数组成，这些函数既可以在一个文件中，也可以分散在多个不同的文件中，根据函数能否被其他文件中的函数调用，将函数分为内部函数和外部函数。

6.6.1 内部函数

如果一个函数只能被本文件中的其他函数调用，而不能被其他源文件中的函数调用，则将其称为内部函数。定义内部函数时在函数类型说明符前面加关键字 static。即：

```
static 类型说明符 函数名([形参列表])
{
    函数体
}
```

由于内部函数只限于在本源文件中调用，因此在不同的源文件中可以存在同名的内部函数，它们互不干涉。

6.6.2 外部函数

如果在一个源文件中定义的函数，除了可以被本源文件中的函数调用外，还可以被其他源文件中的函数调用，将其称为外部函数。定义外部函数时在函数类型说明符前面加关键字 extern。即：

```
extern 类型说明符 函数名([形参列表])
{
    函数体
}
```

如果在定义函数时省略 extern，则隐含为外部函数。本书前面所用的函数都是外部函数。在需要调用外部函数的源文件中，需要用 extern 对被调用的外部函数进行如下声明：

```
extern 类型说明符 函数名([形参列表]);
```

6.7 编译预处理命令

编译预处理是 C 语言程序编译的前期操作，它由系统的编译预处理程序完成。在对一个源文件进行编译时，系统首先启动编译预处理程序对源程序中的预处理命令进行处理，然后自动进行源程序的编译操作。常用的编译预处理命令有三种：宏定义、文件包含和条件编译。

预处理命令可以出现在程序的任何地方，但一般都将预处理命令放在源程序的首部，其作用域从说明的位置开始到所在源程序的末尾。正确使用预处理命令可以有效地提高程序的运行效率。

6.7.1　宏定义

宏定义的作用是用标识符来代表一个字符串，一旦对字符串命名，就可在源程序中使用宏定义标识符，系统编译之前会自动将标识符替换成字符串。根据是否带参数将宏定义分为不带参数的宏定义和带参数的宏定义。

1. 不带参数的宏定义

不带参数的宏定义的一般形式为：

```
#define 标识符 字符串
```

其中，define是关键字，它表示宏定义命令。标识符为所定义的宏名，宏名一般习惯用大写字母，字符串可以是常数、表达式、格式串等。例如：

```
#define PI 3.14159
```

这里，PI是宏名，3.14159是被定义的字符串，该宏定义是将PI定义为3.14159。这样源程序中出现PI的地方，经编译预处理后都会替换为3.14159。

【例6.21】使用宏定义编写程序，求球的表面积和体积。

```
#include <stdio.h>
#define PI 3.1415926                          /* 宏定义 */
int main()
{    float r,s,v;
    printf("input r=");
    scanf("%f",&r);
    s=4*PI*r*r;
    v=4*PI*r*r*r/3;
    printf("s=%.2f\nv=%.2f\n",s,v);
    return 0;
}
```

程序运行结果：

```
input r=2↙
s=50.27
v=33.51
```

在使用不带参数的宏时，应注意以下几点：

① 宏替换只做简单的字符串的替换，不做任何语法检查。若有错误，也只能在正式编译时才能检查出来。

② 可用"#undef"终止宏定义的作用，以便灵活控制宏定义的作用范围。

【例6.22】分析下面程序的运行结果。

```
#include <stdio.h>
#define A 100                          /* 宏定义A为100 */
```

```
int main()
{   int i=2;
    printf("i+A=%d\n",i+A);        /* 输出i+A，此时i=2、A=100 */
    #undef A                        /* 终止宏定义 */
    #define A 10                     /* 宏定义A为10 */
    printf("i+A=%d\n",i+A);        /* 输出i+A，此时i=2、A=10 */
    return 0;
}
```

程序运行结果：

```
i+A=102
i+A=12
```

可以看出，A在不同的范围内被替换成不同的宏值。

③ 宏定义可以嵌套定义，即在进行宏定义时，可以引用已经定义过的宏名。

④ 程序中出现在用双引号括起来的字符串中的字符，若与宏名同名，不进行替换。

【例6.23】分析下面程序的运行结果。

```
#include <stdio.h>
#define R 2.0
#define PI 3.1415926
#define H 5.0
#define V PI*R*R*H/3              /* 引用已定义的宏来定义V */
int main()
{   printf("V=%f\n",V);
}
```

程序运行结果：

```
V=20.943951
```

在程序中，printf()函数内有两个V字符，在双引号内的V不被替换，而另一个在双引号外的V被替换。

2. 带参数的宏定义

定义带参数的宏的一般形式为：

```
#define 标识符(参数列表) 字符串
```

在宏定义中的参数称为形参，它只有参数名，没有数据类型，参数名的命名必须符合C语言标识符的规则。当参数列表中的形参是一个以上时，形参之间用逗号隔开。在宏调用中的参数称为实参。带参数的宏定义在替换宏名时，不是简单地用字符串替换宏名，而是用"实参"替换"形参"。例如：

```
#define S(a,b)  a*b
c=S(x+y,x-y);
```

宏调用时，x+y代替形参a，x-y代替形参b，"*"号仍然保留在字符串内，经编译预处理宏展开后的语句为：

```
c=x+y*x-y;
```

再如：

```
#define S(a,b) (a)*(b)
c=S(x+y,x-y);
```

宏调用时，x+y代替形参a，x-y代替形参b，"*"和括号仍然保留在字符串内，经编译预处理宏展开后的语句为：

```
c=(x+y)*(x-y);
```

在使用带参数的宏时，应注意以下几点：

① 在定义带参数的宏时，宏名与左括号"("之间不得有空格，否则编译系统把空格后的所有内容都当作一个字符串。例如：

```
#define MAX(x,y) x>y?x:y
```

不能写成：

```
#define MAX (x,y)x>y?x:y
```

如果写成这样，就变为定义了不带参数的宏定义，MAX是宏名，字符串是(x,y) x>y?x:y。

② 在定义带参数的宏时，字符串内的形参通常要用括号括起来以避免出错。例如：

```
#define SQUA(r) r*r
```

当有宏调用b=SQUA(a+1)时，则宏展开后的结果为b=a+1*a+1。

如果要想宏展开后的结果为b=(a+1)*(a+1)，则需要将宏定义改写为：

```
#define SQUA(r) (r)*(r)
```

③ 有时根据实际需要，将整个字符串用括号括起来。例如：

```
#define SQUA(r) (r)*(r)
```

如果程序中有以下语句：

```
float a=2.0,b=4.0;
float c;
c=36/SQUA(a+b);
```

则编译预处理后的结果如下：

```
c=36/(a+b)*(a+b);
```

c的值为36.000000。

如果把字符串用括号括起来，即把宏定义改为如下：

```
#define SQUA(r) ((r)*(r))
```

则编译预处理后的结果如下：

```
c=36/((a+b)*(a+b));
```

c的值变为1.000000。

【例6.24】编写程序，用宏定义求圆锥的体积、侧面积和母线长。

```c
#include <stdio.h>
#include <math.h>
#define PI 3.1415926
#define VSL(R,H,V,L,S) V=PI*R*R*H/3;L=sqrt(R*R+H*H);S=PI*R*L/* 宏嵌套 */
int main()
{   float r,h,v,l,s;
    printf("input r,h=");
    scanf("%f,%f",&r,&h);
    VSL(r,h,v,l,s);      /* 宏调用 */
    printf("v=%.2f\ns=%.2f\nl=%.2f\n",v,s,l);
    return 0;
}
```

程序运行结果：

```
input r,h=2,5↙
v=20.94
s=33.84
l=5.39
```

经预处理宏展开后，上述源程序中的 VSL(r,h,v,l,s); 语句，实际上变为以下的语句：

```
v=3.1415926*r*r*h/3;l=sqrt(r*r+h*h);s=3.1415926*r*l;
```

6.7.2　文件包含

文件包含是指在一个源文件中将另一个指定文件的全部内容包含进来，即将另一个文件包含到本文件之中。C 语言系统提供了编译预处理命令 #include 来完成文件包含操作，其一般形式为：

```
#include "包含文件名"
```

或

```
#include <包含文件名>
```

其中，"包含文件名"是指要包含进来的文本文件的名称，又称头文件。第一种形式表示首先在当前的源文件所在的目录中寻找，若未找到才到存放 C 语言库函数头文件的目录中寻找；第二种形式表示到存放 C 语言库函数头文件的目录（编译系统的 include 子目录）中寻找要包含的文件。

文件包含编译预处理的作用是，在对程序文件进行编译之前，用包含文件的内容取代该文件包含预处理语句。

被包含的文件名有两种：一种是".c"文件，即一个源文件，一般用于完成某一功能或者一组宏定义；另一种是 C 语言系统所提供的".h"的头文件（如 stdio.h、string.h 等）。

例如，在图 6-3 所示的 file1.c 文件中，有文件包含命令 #include <file2.c>。编译预处理时，先把 file2.c 的内容复制到文件 file1.c，再对 file1.c 进行编译。

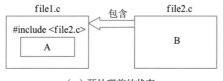

（a）预处理前的状态　　　　　　　　　　　　　　　（b）预处理后的状态

图 6-3　文件包含示意图

【例 6.25】文件包含应用示例（利用文件包含方式计算 n 的 n^2 和 n^3）。

建立一个头文件，文件名为 powers.h，内容如下：

```
#define sqr(x) (x)*(x)
#define cube(x) (x)*(x)*(x)
```

再建立一个主文件 pow.c，内容如下：

```
#include <stdio.h>
#include "powers.h"
#define MAX 10
int main()
{   int n;
    printf("n\t exp2\t exp3\n");
    for(n=1;n<=MAX;n++)
        printf("%2d\t%3d\t%4d\n",n,sqr(n),cube(n));
    return 0;
}
```

在程序 pow.c 文件的开头中包含了头文件 stdio.h 和自己定义的头文件 powers.h，将文件
powers.h 包含在主文件 pow.c 中。当编译预处理时，把 powers.h 及 stdio.h 的内容复制到其所对应
的 include 位置，生成可编译文件。

6.7.3　条件编译

一般情况下，源程序中所有的行都参加编译，条件编译实现了对源程序进行有选择地编
译，从而产生不同的目标代码文件。预处理命令中提供了三种形式的条件编译命令。

1. 第一种形式

```
#ifdef 标识符
    程序段1
#else
    程序段2
#endif
```

作用是当标识符是已经被 #define 命令定义过的标识符，则编译程序只编译程序段 1，否则
编译程序段 2。其中 #else 部分可以省略。

【例 6.26】条件编译命令第一种形式应用示例。

```
#include <stdio.h>
#define CHANGE 1              /* 宏定义CHANGE为1 */
#ifdef CHANGE                 /* 判定CHANGE是否为定义过 */
```

```
    #define STRING "CHANGE is defined!"
#else
    #define STRING "CHANGE is not defined!"
#endif
int main()
{   printf(STRING);
    return 0;
}
```

程序运行结果：

```
CHANGE is defined!
```

程序中，标识符CHANGE在程序的第2行已定义，因此，编译时执行程序段1。如果将第2行删除，则编译时执行程序段2，此时程序的运行结果为：CHANGE is not defined!

2. 第二种形式

```
#ifndef 标识符
    程序段1
#else
    程序段2
#endif
```

作用是当标识符是未被#define命令定义过的标识符，则编译程序只编译程序段1，否则编译程序段2。其中#else部分可以省略。第二种形式与第一种形式的功能恰好相反。

【例6.27】条件编译命令第二种形式应用示例。

```
#include <stdio.h>
#define CHANGE 1                 /* 宏定义CHANGE为1 */
#ifndef CHANGE                   /* 判定CHANGE是否为定义过 */
    #define STRING "CHANGE is not defined!"
#else
    #define STRING "CHANGE is defined!"
#endif
int main()
{   printf(STRING);
    return 0;
}
```

程序运行结果：

```
CHANGE is defined!
```

3. 第三种形式

```
#if 表达式
    程序段1
#else
    程序段2
#endif
```

作用是当表达式的值为真（非 0）时，则编译程序只编译程序段 1，否则编译程序段 2。其中 #else 部分可以省略。

【例 6.28】输入一行字母字符，根据需要设置条件编译，使之能将字母全改为大写字母或全改为小写字母。

```c
#include <stdio.h>
#define LETTER 0                /* 宏定义LETTER为0 */
int main()
{   int i=0;
    char c,str[50]="C Programming Language";
    while((c=str[i])!='\0')
    {   i++;
        #if LETTER              /* 根据LETTER的值进行条件编译 */
            if(c>='a'&&c<='z')
                c=c-32;
        #else
            if(c>='A'&&c<='Z')
                c=c+32;
        #endif
        printf("%c",c);
    }
    printf("\n");
    return 0;
}
```

程序运行结果：

```
c programming language
```

条件编译当然也可用条件语句（if语句）来实现，但若用条件语句将会对整个源程序进行编译，造成目标程序长，运行时间长；而采用条件编译，可减少被编译的语句，从而减少了目标程序的长度和运行时间。

6.8 程序举例

【例 6.29】编写一函数，使其具有记录本身被调用次数的功能。

在函数内部声明的变量一般为 auto 型变量，它是局部变量，只在函数内部有效，当函数被调用时，系统才为它分配内存单元，当函数调用完毕，系统将释放内存单元。所以使用 auto 型变量不能够记录函数被调用次数。在函数体内声明静态变量，可以在调用结束后不消失而保留原值，即其占用的内存单元不释放，借助静态变量的这一特点可以实现记录被调用次数。程序如下：

视 频
程序举例

```c
#include <stdio.h>
int remember()                          /* 记录自身被调用次数的函数 */
{   static int num=0;                   /* 定义静态变量num */
```

```
    num++;                                    /* 记录函数被调用次数 */
    return(num);                              /* 返回函数被调用的次数 */
}
int main()
{   printf("the function has been called %d times\n",remember());
    printf("the function has been called %d times\n",remember());
    printf("the function has been called %d times\n",remember());
    return 0;
}
```

程序运行结果：

```
the function has been called 1 times
the function has been called 2 times
the function has been called 3 times
```

【例 6.30】编写函数 fun，其功能是：求 1 至 m 之间能被 7 或 11 整除的整数，放到 a 数组中，并统计这样的数的个数。

```
#include <stdio.h>
#define M 50
int fun(int m,int a[])                /* 定义fun函数 */
{   int count=0,k;
    for(k=1;k<=m;k++)
        if(k%7==0||k%11==0)           /* 判断k能否被7或11整除 */
        {   a[count]=k;
            count++;                  /* 若k能被7或11整除，则此类数的个数加1 */
        }
    return(count);                    /* 返回统计数 */
}
int main()
{   int b[M],m,n,j;
    printf("input m=");
    scanf("%d",&m);
    n=fun(m,b);                       /* 调用fun函数 */
    for(j=0;j<n;j++)
        printf("%4d",b[j]);
    printf("\ncount=%d\n",n);
    return 0;
}
```

程序运行结果：

```
input m=50↙
    7   11   14   21   22   28   33   35   42   44   49
count=11
```

【例6.31】利用函数编写一个程序，计算下列函数值。

$f(x,y)=s(x)/s(y)$，其中，$s(n)=1!+2!+\cdots+n!$。

```
#include <stdio.h>
double fac(int n)                    /* 计算阶乘的函数 */
{   int i;
    double t=1.0;
    for(i=1;i<=n;i++)
        t=t*i;
    return(t);
}
double sum_fac(int n)                /* 计算累加和的函数 */
{   int i;
    double sum=0.0;
    for(i=1;i<=n;i++)
        sum=sum+fac(i);
    return(sum);
}
double div_sum(int m,int n)      /* 计算分子和分母相除的函数 */
{   double div;
    div=sum_fac(m)/sum_fac(n);
    return(div);
}
int main()
{   int m,n;
    double sum;
    printf("input m,n=");
    scanf("%d,%d",&m,&n);
    sum=div_sum(m,n);
    printf("sum(%d)/sum(%d)=%f\n",m,n,sum);
    return 0;
}
```

程序运行结果：

```
input m,n=8,6↙
sum(8)/sum(6)=52.958763
```

【例6.32】调用一个函数，返回三个整数中的最大值、最小值和三个数的平均值。

```
#include <stdio.h>
#define PR printf
#define CR PR("\n")
#define MAXIMUM (a>b)?(a>c?a:c):(b>c?b:c)
#define MINIMUM (a<b)?(a<c?a:c):(b<c?b:c)
int Max,Min;
float fun(int a,int b,int c)
```

```
{   Max=MAXIMUM;
    Min=MINIMUM;
    return((a+b+c)/3.0);
}
int main()
{   int a=8,b=4,c=3;
    float ave;
    ave=fun(a,b,c);
    PR("max=%d",Max);CR;
    PR("min=%d",Min);CR;
    PR("averge=%.2f",ave);CR;
    return 0;
}
```

程序运行结果：

```
max=8
min=3
averge=5.00
```

　　程序中定义宏 PR 为 printf，只要源程序中出现 PR 都将用 printf 替换，包括在宏定义命令中的 CR 等同于 printf("\n")。定义宏 MAXIMUM 和 MINIMUM 也同样被 (a>b)?(a>c?a:c):(b>c?b:c) 和 (a<b)?(a<c?a:c):(b<c?b:c) 代替。调用一个函数，只能返回一个值，题目要求得到三个值，因此使用了全局变量 Max 和 Min。

‖小　　结

　　函数使得我们的程序易于实现模块化，不需要编写大量重复的代码。C语言的函数分为库函数和用户自定义函数。本章主要介绍了用户自定义函数的定义和调用，多个函数构成的程序中变量和函数的存储类型及其影响，函数的参数传递方式、返回值以及函数的嵌套调用和递归调用。

　　通过本章的学习，不难发现对同一问题有多种解决办法。将一个复杂任务分解为不同的函数时，每个函数的分工可以不同，相同功能的函数也可以通过函数-数组的组合而有所不同。例如，同样是求阶乘，可以使用正向循环来实现，也可以使用递归的方法来实现；再如，对数组排序，可以使用选择排序法、冒泡排序法。不同方法求解问题，表面上看最终结果一样，但是对计算机内存的开销和时间复杂度却有不同，在计算的规模较大时，就会产生较大的不同。因此，在学习C语言的过程中要多思考，多质疑，要有创新精神和探索精神，以追求更节省内存，效率更高的方法，正如二十大报告中提出的"加强基础研究，突破原创，鼓励自由探索"的精神，同学们要边学习，边实践探索，以感受通过创新带来的学习体验。

　　C语言程序的变量都有自己的作用域。变量按照作用域分为局部变量和全局变量。局部变量只在定义它的函数内部使用，全局变量可以在多个函数中使用。C语言根据变量的动态和静态存储方式提供了四种存储类别：auto（动态存储类别）、extern（外部存储类别）、register（寄存器型存储类别）和 static（静态存储类别）。

　　C语言提供了宏定义、文件包含和条件编译这三种预处理功能，分别用宏定义命令、文件包含命令和条件编译命令来实现。预处理命令不是C语言本身的组成部分，不能直接对它们进行编译。而必须在C编译程序对C语言源程序进行编译之前，先对源程序中的这些特殊命令进行预处理，并将处理的结果和源程序一起再进行编译，产生可执行的目标代码。合理地使用预处理功能便于简化程序、提高程序的可读性和可移植性，提高程序的运行效率，也有利于模块化程序设计。

习　题

一、单选题

1. 设有函数调用语句 func((3,4,5),(55,66));，则函数 func() 中含有实参的个数为（　　　）。

  A．1　　　　　　　　B．2　　　　　　　　C．4　　　　　　　　D．以上都不对

2. 下面程序的输出结果是（　　　）。

```c
#include <stdio.h>
int m=13;
int fun2(int x,int y)
{   int m=3;
    return(x*y-m);
}
int main()
{   int a=7,b=5;
    printf("%d\n",fun2(a,b)/m);
    return 0;
}
```

  A．1　　　　　　　　B．2　　　　　　　　C．7　　　　　　　　D．10

3. 下面程序的输出结果是（　　　）。

```c
#include <stdio.h>
int b=2;
int func(int *a)
{   b+=*a;
    return(b);
}
int main()
{   int a=2,res=2;
    res+=func(&a);
    printf("%d\n",res);
    return 0;
}
```

  A．4　　　　　　　　B．6　　　　　　　　C．8　　　　　　　　D．10

4. 下面程序的输出结果是（　　　）。

```c
#include <stdio.h>
#define MAX(A,B) A>B?A:B
#define MIN(A,B) A<B?A:B
int main()
{   int a,b,c,d,t;
    a=1;b=2;c=3;d=4;
    t=MAX(a,b)+MIN(c,d);
    printf("t=%d\n",t);
    return 0;
}
```

A. t=5　　　　　　　　B. t=3　　　　　　　　C. t=4　　　　　　　　D. t=10

5. 下面程序的输出结果是（　　　）。

```c
#include <stdio.h>
#define PLUS(A,B) A+B
int main()
{   int a=1,b=2,c=3,sum;
    sum=PLUS(a+b,c)*PLUS(b,c);
    printf("Sum=%d",sum);
    return 0;
}
```

A. Sum=9　　　　　　B. Sum=30　　　　　　C. Sum=12　　　　　　D. Sum=18

二、填空题

1. 下面程序的输出结果是_____。

```c
#include <stdio.h>
void fun()
{   static int a;
    a+=2;
    printf("%d",a);
}
int main()
{   int cc;
    for(cc=1;cc<=4;cc++)
        fun();
    printf("\n");
    return 0;
}
```

2. 下面程序的输出结果是_____。

```c
#include <stdio.h>
int func(int n)
{   if(n==1)
```

```
            return(1);
        else
            return(func(n-1)+1);
}
int main()
{   int i,j=0;
    for(i=1;i<3;i++)
        j+=func(i);
    printf("%d\n",j);
    return 0;
}
```

3. 下面程序的输出结果是_____。

```
#include <stdio.h>
int x=3;
void func()
{   static int x=1;
    x*=x+1;
    printf("%d ",x);
}
int main()
{   int i;
    for(i=1;i<x;i++)
        func();
    return 0;
}
```

4. 下面程序的输出结果是_____。

```
#include <stdio.h>
#define MAX(a,b)  (a>b?a:b)+1
int main()
{   int m=5,n=8;
    printf("%d\n",MAX(m,n));
    return 0;
}
```

5. 下面程序的输出结果是_____。

```
#include <stdio.h>
#define PR(a) printf("%d\t",(int)(a))
#define PRINT(a)  PR(a);printf("ok!")
int main()
{   int j,a=1;
    for(j=0;j<3;j++)
        PRINT(a+j);
```

```
        return 0;
}
```

三、编程题

1. 编写一个函数，计算 $s = \sum_{x=1}^{n} x^k$。

2. 根据以下级数展开式求 π 的近似值，计算到某一项的值小于 0.000 001。

$$\frac{\pi}{2} = 1 + \frac{1}{3} + \frac{1}{3} \times \frac{2}{5} + \frac{1}{3} \times \frac{2}{5} \times \frac{3}{7} + \frac{1}{3} \times \frac{2}{5} \times \frac{3}{7} \times \frac{4}{9} + \cdots$$

3. 用带参数的宏编写程序，从三个数中找出最大数。

4. 当符号常量X被定义过，则输出其平方，否则输出符号常量Y的平方。

5. 定义一个带参数的宏，将从键盘上输入的三个数按从大到小的顺序排序并输出。

第 7 章

指　针

指针是 C 语言中广泛使用的一种数据类型。使用指针，可以有效地表示复杂的数据结构；动态地分配内存单元；方便灵活地使用数组和字符串；并能像汇编语言一样处理内存地址；调用函数时能得到一个以上的值等。本章主要介绍指针的基本概念、指针变量、指针数组的定义和使用，以及在数组和字符串中应用指针解决问题的方法等。

▌7.1　指针变量概述

7.1.1　指针变量与指针变量的定义

在计算机中，所有的数据都是存放在内存区的。内存区是以字节为单位的一段连续存储空间，每一个字节称为内存单元。为了便于访问，赋予内存区中的每一个内存单元一个唯一的编号，这些内存单元的编号称为内存地址。根据内存单元的编号（或地址）可以找到所需的内存单元。在 C 语言中，也把这个地址称为指针，即内存单元的地址就是内存单元的指针。显然，内存单元的地址（指针）和内存单元的内容是两个不同的概念。举例来解释一下，如果把旅馆中的客房看成内存单元的话，那么每间客房的房间号就是客房的指针，客房内住宿的旅客是客房的内容。对于一个内存单元来说，内存单元的地址即为指针，其中存放的数据才是该内存单元的内容。在 C 语言中，用一个变量专门存放另一个变量的地址（指针），则该变量称为指针变量，因此指针变量就是地址变量（存放地址的变量）。指针变量的值是地址（指针）。有时也把指针变量简称指针。

指针变量和其他变量一样必须先定义后使用。定义指针变量的一般形式为：

```
类型标识符 *变量名;
```

例如：

```
int *p1,*p2;
float *q;
```

其中，指针变量名前的 "*" 号仅是一个符号，并不是指针运算符，表示定义的是指针变量；"类型标识符" 表示该指针变量所指向的变量的数据类型，并不是指针变量自身的数据类型。例如，p1、p2 只能指向整型变量，q 只能指向单精度实型变量。

不同的数据类型占用的内存单元数不等，例如，VC++ 2010 为整型变量（int）分配4个字节，对单精度实型变量分配4个字节，对字符型变量分配1个字节等，每个变量按其类型不同占有几个连续的内存单元。一个变量的地址是指它所占有的几个内存单元的首地址。程序执行时，根据变量的地址来获取变量的值。例如，若有以下变量定义：

```
int a=5,b=8,*p;
char c='x';
float f=3.14159;
p=&b;
```

则变量、变量的值和地址之间的关系如图7-1所示。变量a、b、c和f的地址分别为2000、2004、2008和2009，而内容分别为5、8、x和3.14159。变量p为指针变量，它的值为2004，即为变量b的地址，也就说指针变量p指向变量b，或者说p是指向变量b的指针变量。

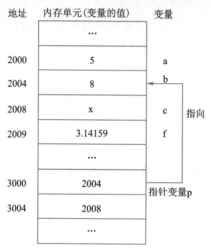

图 7-1 变量、变量的值和地址之间的关系

有了指针变量以后，对一般变量的访问既可以通过变量名进行，也可以通过指针变量进行。通过变量名（如b）或其地址（如&b）访问变量的方式称为直接访问方式；通过指针变量（如p）访问它指向的变量（如b）的方式称为间接访问方式。

在前面定义中对b进行赋值操作语句b=8;，当要访问b时，直接到内存地址为2004的地方，访问其中的内容即可，即为直接访问方式，如图7-2（a）所示。也可以把变量b的地址放到另一个指针变量p中保存起来，而指针变量p在内存中也有个地址，比如为3000。如果要通过指针变量p访问变量b的内容，就必须先从p中取出b的地址，再按这个地址找到b的所在地，然后对其进行访问，即为间接访问方式，如图7-2（b）所示。

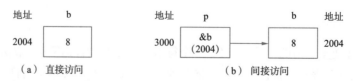

图 7-2 指针变量访问变量的示意图

7.1.2　指针的运算符

1. 取地址运算符 "&"

功能是取出变量的地址，其结果是得到变量的指针（地址）。其为单目运算符，是优先级最高的运算符之一，结合性为从右到左。

2. 取内容运算符 "*"

功能是取其后指针变量所指向的变量的值或取其后地址中的值。其为单目运算符，是优先级最高的运算符之一，结合性为从右到左。

注意：取内容运算符 "*" 和指针定义中的指针标识符 "*" 不是一回事。在指针变量定义中，"*" 是类型标识符，表示定义的变量是指针类型的变量。而表达式中出现的 "*" 则是一个指针运算符，表示取指针变量所指向变量的值。例如，有如下定义：

```
int x,*p;
```

表示定义了整型变量x及指向整型变量的指针变量p。下面的赋值都是正确的：

```
p=&x;       /* 表示取整型变量x的内存地址，并赋值给指针变量p */
x=*p;       /* 表示取指针变量p所指向的变量的值，并赋值给整型变量x */
p=&*p;      /* 按优先级&*p等价于&(*p)，(*p)就是变量x，再执行&x，即取变量x的地址，并
               将变量x的地址赋值给指针变量p。因此，&*p等价于&x */
x=*&x;      /* 按优先级*&x等价于*(&x)，&x就是取变量x的地址，再执行 "*" 运算相当于
               取变量x的值，并赋值给整型变量x。因此，*&x 等价于x */
```

7.1.3　指针变量的初始化

在定义一个指针变量的同时给它赋值，称为指针变量的初始化。指针变量初始化的一般形式为：

```
类型标识符 *指针变量名=初始地址;
```

例如：

```
int a,*pa;
float f,*pf;
```

定义了整型变量a和单精度实型变量f，以及指向整型变量的指针变量pa和指向单精度变量的指针变量pf，pa、pf未进行初始化，因此两个指针没有指向任何变量。

如果有以下定义：

```
int c=5,*p=&c;
```

定义整型变量c的同时，进行初始化赋值5，定义指向整型变量的指针变量p的同时，将c的地址初始化赋值给p，使p指向c。这样，变量c又可表示为*p。

如果有以下定义：

```
int a=33,b=55;
int *pa,*pb;                /* 定义指针变量pa、pb */
pa=&a;                      /* 让指针变量pa指向变量a */
pb=&b;                      /* 让指针变量pb指向变量b */
```

指针变量pa、pb和变量a、b之间的关系，如图7-3（a）所示。

如果执行如下语句：

```
pb=pa;
```

改变pb的值，使pb和pa指向同一变量a，此时的*pb就等同于a，而不是b，如图7-3（b）所示。

如果执行如下语句：

```
*pb=*pa;
```

则将pa所指向的变量a的值赋给pb所指向的变量，即变量b，如图7-3（c）所示。

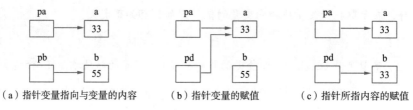

（a）指针变量指向与变量的内容　　（b）指针变量的赋值　　（c）指针所指内容的赋值

图7-3　指针变量pa、pb与变量a、b的关系变化示意图

说明：指针变量除了可以被初始化为一个地址值，也可以为零（0），这个指针称为零指针或空指针。当用0对指针变量赋初值时，系统会将该指针变量初始化为一个空指针，不指向任何目标。C语言的空指针也可使用NULL表示，它是在头文件stdio.h中定义的一个宏。例如：

```
int *p=0;              /* 表示p是空指针，p不指向任何具体的变量 */
```

或

```
int *p=NULL;           /* 将指针变量值定义为0，表示p是空指针 */
```

【例7.1】指针变量的应用示例。

```
#include <stdio.h>
int main()
{   int a=3,*p;          /* 定义变量a并赋初值3，定义指针变量p */
    int b=5,*q=&b;       /* 定义变量b并赋初值5，定义指针变量q并使其指向变量b */
    printf("a=%d,  b=%d\n",a,b);
    p=&a;                /* 把a的地址赋值给指针变量p，即使指针变量p指向变量a */
    *q=9;                /* 把9赋值给指针变量q所指向的内存单元，相当于b=9 */
    printf("a=%d,  b=%d\n",a,b);
    printf("*p=%d, *&a=%d\n",*p,*&a);
    (*p)++;              /* 等价于先得到p所指向变量的值（即*p），再进行a++ */
    printf("(*p)++=%d\n",a);
    return 0;
}
```

程序运行结果：

```
a=3,  b=5
a=3,  b=9
```

```
*p=3,  *&a=3
(*p)++=4
```

【例7.2】下面两个程序，是按从大到小的顺序输出两个整型变量的值。请分析和比较两种方法的程序。

方法1:

```
#include <stdio.h>
int main()
{   int a=5,b=9;
    int *pa,*pb,*p;
    pa=&a;
    pb=&b;
    if(*pa<*pb)
    {  p=pa; pa=pb; pb=p;  }
    printf("a=%d,b=%d\n",a,b);
    printf("*pa=%d,*pb=%d\n",*pa,*pb);
    return 0;
}
```

程序运行结果:

```
a=5,b=9
*pa=9,*pb=5
```

方法2:

```
#include <stdio.h>
int main()
{   int a=5,b=9,t;
    int *pa,*pb;
    pa=&a;
    pb=&b;
    if(a<b)
    {  t=*pa; *pa=*pb; *pb=t;  }
    printf("a=%d,b=%d\n",a,b);
    printf("*pa=%d,*pb=%d\n",*pa,*pb);
    return 0;
}
```

程序运行结果:

```
a=9,b=5
*pa=9,*pb=5
```

分析：在两种方法中，起初指针变量pa和pb分别指向变量a和b。

对于方法1：当*pa<*pb时，pa和pb的值借助于指针变量p进行交换，pa由指向a变为指向b，而pb由指向b变为指向a。输出*pa和*pb的值，即为输出b和a的值。整个过程实际上是：不交换变量a和b的值，而是通过将指针变量pa和pb所存储的值（变量a、b的地址）进行互换，从而实现两个指针变量pa和pb的交换指向。交换指针变量值的前后状态如图7-4所示。

对于方法2：当a<b时，通过取内容运算符"*"和指针pa、pb之间的赋值运算，实现变量a、b值的互换。即用指针运算符"*"和赋值运算完成两个指针变量pa和pb所指向的变量a和b的值的互换。交换前后状态如图7-5所示。

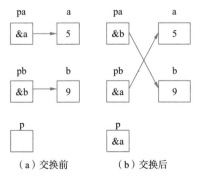

图 7-4　方法 1pa 和 pb 交换前后的变化状态

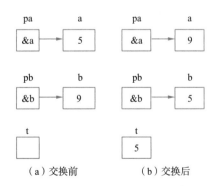

图 7-5　方法 2*pa 和 *pb 交换前后的变化状态

7.1.4 指针变量的运算

当指针变量 p 指向整型数组时，设 n 为一个正整数，表达式指针运算 p+n 表示，指针变量 p 所指向的当前元素之后的第 n 个元素；表达式指针运算 p−n 表示，指针变量 p 所指向的当前元素之前的第 n 个元素。

由于指针变量可以指向不同类型的变量，即长度不同的数据的内存空间，所以这种运算的结果取决于指针变量所指向的变量的数据类型。由此，针对 p=p+n 或 p=p−n 后，p 将后移或前移 n 个基本数据类型元素的长度，可利用以下公式进行计算：

```
p的地址值±n*sizeof(类型)
```

7.2 指针与数组

● 视频

指针与数组

7.2.1 指针与一维数组

定义数组之后，C语言编译系统将在内存中为该数组分配一段连续的内存单元，用来存放数组的各个元素，数组名就是这一段连续内存单元的首地址。这样对数组元素的引用除了可以使用前面介绍的下标法外，还可以使用指针间接访问方式实现。

1. 通过下标访问一维数组的元素

例如，有如下定义：

```
int a[10];
```

则 a[i] 就是该数组的第 i 个元素。

2. 通过数组名访问一维数组的元素

例如，对于前面的定义，数组名 a 是数组的首地址（即 &a[0]），a+i 就是该数组中第 i 个元素的地址，则 *(a+i) 就是指针 (a+i) 中的值。因此可以通过 *(a+i) 访问一维数组的元素。

3. 通过指针访问一维数组的元素

例如，有如下定义：

```
int a[10],*p=a;
```

则可以通过 *(p+i) 访问数组 a 中的第 i 个元素 (*(p+i) 等同于 a[i])。

【例 7.3】编程分别通过下标法、数组名和指针访问一维数组的全部元素。

```c
#include <stdio.h>
int main()
{   int i,a[5]={1,2,3,4,5};
    int *p=a;
    printf("Access with subscript method:\n"); /* 通过下标访问数组的元素 */
    for(i=0;i<5;i++)
        printf("a[%d]=%d\t",i,a[i]);
    printf("\n");
    printf("Access with address method:\n"); /* 通过数组名访问数组的元素 */
    for(i=0;i<5;i++)
```

```
        printf("a[%d]=%d\t",i,*(a+i));
    printf("\n");
    printf("Access with pointer method:\n"); /* 通过指针访问数组的元素 */
    for(i=0;i<5;i++)
        printf("a[%d]=%d\t",i,*p++);
    printf("\n");
    return 0;
}
```

对指针与数组元素的关系（设int a[10],*p=a;）归纳如下：

① &a[i]、a+i、p+i等价，代表a数组第i个元素的地址。

② a[i]、*(a+i)、p[i]、*(p+i)等价，代表a数组第i个元素的值。

③ *(p++)与a[i++]、*(p--)与a[i--]、*(++p)与a[++i]、*(--p)与a[--i]分别等价。

④两个指针变量的减法运算。只有指向同一数组的两个指针变量之间才可以进行减法运算。两指针变量相减所得之差是两个指针所指数组元素之间相差的元素个数，即相减的结果为两个地址之差除以该数组元素的长度（字节数）。对于两个指针变量进行加法运算，毫无意义。

【例7.4】分析下面程序的运行结果。

```
#include <stdio.h>
int main()
{   int a[]={5,15,25,35,45,55,65,75,85,95},m,*p;
    p=a;
    m=*p++;                          /* e1行 */
    printf("m=%d\n",m);
    m=*++p;                          /* e2行 */
    printf("m=%d\n",m);
    m=++(*p);                        /* e3行 */
    printf("m=%d\n",m);
    m=(*p)++;                        /* e4行 */
    printf("m=%d\n",m);
    printf("m=%d\n",*p);             /* e5行 */
    return 0;
}
```

程序运行结果：

```
m=5
m=25
m=26
m=26
m=27
```

注意：表达式*和++运算符属于同一优先级，结合方向为自右向左。因此，执行e1行的m=*p++;语句时，先取当前p的值（a[0]的地址）进行*赋值运算（m=*p），再将p的值加1，使p指向下一个元素a[1]；执行e2行的m=*++p;语句时，先将p的值加1（即p指向下一个元素a[2]），再取p所指向的值进行赋值运算（即把p指向的a[2]的值赋值给m）；执行e3行的

m=++(*p);语句时，先取当前 p 所指向的值（a[2] 的地址），再将 p 所指向的值加 1 后进行赋值运算（即 a[2] 的值 25 加 1 再赋值给 m）；执行 e4 行的 m=(*p)++;语句时，先取当前 p 的值（a[2] 的地址）进行 *赋值运算（m=*p）后，再将 p 所指向的值加 1（e5 行所示）。

【例 7.5】通过键盘输入 N 个整数，对其中的正数统计个数并求和，程序最后输出原始数据、统计结果和所有正数之和。

```c
#include <stdio.h>
#define N 5
int main()
{   int a[N],*p;
    int count=0,sum=0;
    printf("Please input %d numbers:",N);
    for(p=a;p<a+N;p++)                      /* 使用指针移动来指向下一个元素 */
    {   scanf("%d",p);
        if(*p>0)
        {   sum+=*p;
            count++;
        }
    }
    p=a;                                    /* 使指针指向数组的首地址 */
    while(p<a+N)                            /* 利用指针指向打印数组的元素 */
        printf("%d ",*p++);
    printf("\n");
    printf("count=%d\n",count);
    printf("sum=%d\n",sum);
    return 0;
}
```

程序运行结果：

```
Please input 5 numbers:5 -6 0 -3 8↙
5 -6 0 -3 8
count=2
sum=13
```

7.2.2 指针与二维数组

1. 二维数组的地址表示法

二维数组可以看作是由若干个一维数组组成的，因此，可以通过指针访问二维数组中的元素。例如，定义如下二维数组：

```c
int a[3][4];
```

则二维数组 a 的元素在内存中的存放顺序如图 7-6 所示。

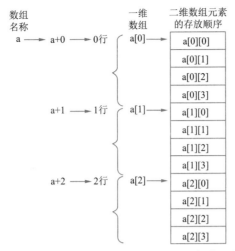

图 7-6 二维数组 a 的元素在内存中的存放顺序

a[0] 也可以看作是 a[0]+0，则 a[0]+0 是一维数组元素 a[0] 的第 0 号元素的首地址，a[1]+0 则是一维数组元素 a[1] 的第 0 号元素的首地址，a[2]+0 则是一维数组元素 a[2] 的第 0 号元素的首地址。因此，a 和 a[0] 的地址是数组元素 a[0][0] 的地址，由此可以得出 a[i]+j 则是一维数组元素 a[i] 的第 j 号元素的首地址，它等同于 &a[i][j]，即第 i 行第 j 列的地址表示为 a[i]+j 或 &a[i][j]。由此得出 &a[i][j]=（a[i]+j）=(*(a+i)+j)，对应地 a[i][j]=*(*(a+i)+j)。

由以上关系可知，用二维数组的地址表示二维数组元素的形式为：

```
*(a[i]+j)
```

或

```
*(*(a+i)+j)
```

2. 指向二维数组元素的指针

定义如下二维数组：

```
int a[3][4],*p;
p=&a[0][0];
```

则二维数组 a 的元素在内存中的存放顺序及地址关系如图 7-7 所示。指针变量 p 指向 a[0][0]，p+1 指向 a[0][1]，p+4 指向 a[1][0]，p+8 指向 a[2][0]，p+(i*n+j) 指向 a[i][j]。其中，n 表示二维数组的列数。因此，定义一个指向二维数组的指针变量 p，其初值为二维数组的首地址，指针 p 每次增加 1，则 p+1 指向下一个元素。即用指向二维数组的指针变量 p 访问二维数组元素 a[i][j] 的表示方法为：

```
*(p+(i*n+j))
```

3. 行指针变量

还可以定义一个指向一维数组的指针变量，对二维数组的元素进行访问，我们称这样的指针变量为行指针变量。定义指向一维数组的行指针变量的一般形式为：

```
类型说明符 (*指针变量名)[长度];
```

其中，"类型说明符"为所指向数组的元素的数据类型，"*"表示其后的变量是指针类型，

长度表示二维数组分解为多个一维数组时一维数组的长度，也就是二维数组的列数。例如，

```
int (*p)[3],a[4][3];
p=a;
```

则p+i指向第i行。使用行指针变量访问二维数组元素的形式如下：

```
*(*(p+i)+j)
```

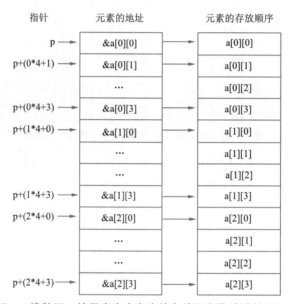

图 7-7　二维数组 a 的元素在内存中的存放顺序及地址关系示意图

【例7.6】3个学生的4门课程的成绩存放在一个二维数组中，通过指针访问二维数组元素的方式，输出某一个学生的某一门课程的成绩。

方法1：使用二维数组的地址表示法。

```
#include <stdio.h>
int main()
{   int score[3][4]={{67,80,74,58},{77,80,84,90},{87,81,75,69}};
    int i,j;
    printf("input i,j=");
    scanf("%d,%d",&i,&j);
    printf("a[%d][%d]=%d\n",i,j,*(*(score+i)+j));
    return 0;
}
```

方法2：使用指向数组元素的指针法。

```
#include <stdio.h>
int main()
{   int score[3][4]={{67,80,74,58},{77,80,84,90},{87,81,75,69}};
    int *p,i,j;
    p=score[0];          /* 给指针变量赋初值，也可定义为p=&score[0][0] */
    printf("input i,j=");
```

```
    scanf("%d,%d",&i,&j);
    printf("score[%d][%d]=%d\n",i,j,*(p+(i*4+j)));
    return 0;
}
```

方法3：使用二维数组的行指针变量法。

```
#include <stdio.h>
int main()
{   int score[3][4]={{67,80,74,58},{77,80,84,90},{87,81,75,69}};
    int (*p)[4],i,j;
    p=score;                 /* 给指针变量赋初值 */
    printf("input i,j=");
    scanf("%d,%d",&i,&j);
    printf("a[%d][%d]=%d\n",i,j,*(*(p+i)+j));
    return 0;
}
```

【例7.7】用指针访问二维数组元素的方法，找出二维数组中值最小的元素。

```
#include <stdio.h>
int main()
{   int a[][4]={{67,80,74,58},{77,80,84,90},{87,81,75,69}};
    int *p,min;
    min=a[0][0];                              /* e1行 */
    for(p=&a[0][0];p<&a[0][0]+12;p++)         /* e2行 */
        if(*p<min)
            min=*p;
    printf("min=%d\n",min);
    return 0;
}
```

程序运行结果：

```
min=58
```

在上述程序中，也可将e1行的语句min=a[0][0];改为p=a[0],min=*p;，e2行的语句
for(p=&a[0][0];p<&a[0][0]+12;p++)改为for(p=a[0];p<a[0]+12;p++)来实现。p=a[0]使指针变量p
指向一维数组a[0]的首元素；min=*p假定数组的首元素a[0][0]为最小值，p<a[0]+12是将指针p
的移动控制在12个元素范围内；p++实现每比较完一个元素，就将p移向下一个元素。

‖7.3　指针与字符串

可以用字符数组与字符串指针两种方式对一个字符串进行操作。

字符数组是把字符串中的字符作为数组元素进行操作。即把字符串的各字符（包括
结束标志'\0'）依次保存在字符数组中，利用数组名或下标变量对数组进行操作，输出
时用"%s"格式进行整体输出。例如：

视频

指针与字
符串

157

```
char str[]="C program.";
```

字符串指针是利用字符型指针进行操作。即定义一个字符串指针变量指向一个字符串，然后通过指针来操作字符串中的每个字符。例如：

```
char *ps="C program.";
```

此时字符串指针指向的是一个字符串常量的首地址，即指向字符串的首地址。

【例7.8】通过字符数组与字符串指针两种方式输出字符串"C program."。

字符数组方式：　　　　　　　　　　　　字符串指针方式：

```
#include <stdio.h>
int main()
{   char str[]="C program.";
    printf("%s\n",str);
    return 0;
}
```

```
#include <stdio.h>
int main()
{   char *ps="C program.";
    printf("%s\n",ps);
    return 0;
}
```

在程序中，语句str[]="C program.";表示，str是字符数组，它存放字符串"C program."；而语句*ps="C program.";表示，首先定义ps是一个字符串指针变量，然后把字符串的首地址赋予ps，并不是把整个字符串存入字符串指针变量ps中。

【例7.9】在一个字符串中查找有无字符'k'。

```
#include <stdio.h>
int main()
{   char st[50],*ps;
    int i;
    printf("input a string:");
    ps=st;
    scanf("%s",ps);
    for(i=0;ps[i]!='\0';i++)
        if(ps[i]=='k')                    /*  在输入的字符串中查找有无字符'k'  */
            break;
    if(ps[i]=='\0')
        printf("there is no 'k' in the string.\n");
    else
        printf("there is a 'k' in the string.\n");
    return 0;
}
```

程序运行结果：

```
input a string:efgkabc↙
there is a 'k' in the string.
```

```
input a string:abcxyz↙
there is no 'k' in the string.
```

【例7.10】对字符数据使用冒泡排序法进行排序，用字符数组和字符串指针实现。

```c
#include <stdio.h>
#include <string.h>
int main()
{   int i,j,n;
    char t,s[50];
    char *p=s;                 /* 定义字符串指针p，并把字符数组s的首地址赋予p */
    printf("Input a string:");
    gets(p);
    n=strlen(s);               /* 求字符串的长度 */
    for(i=0;i<n-1;i++)
        for(j=0;j<n-1-i;j++)
        {   if(p[j]>p[j+1])
            {   t=p[j+1]; p[j+1]=p[j]; p[j]=t; }
        }
    printf("The sorted string is:%s\n",p);
    return 0;
}
```

程序运行结果：

```
Input a string:C program↙
The sorted string is: Cagmoprr
```

7.4 指 针 数 组

视 频
指针数组

若数组中的每一个数组元素都是指针类型，用于存放内存地址，则称该数组为指针数组。定义指针数组的一般形式为：

类型说明符 ***指针数组名**[数组长度];*

例如：

```c
int *p[5];
```

表示p是一个指针数组，它有5个元素，每一个元素都是指向整型数据的指针变量。

对指向字符串的指针数组进行初始化赋值，就是把存放字符串的首地址赋给指针数组的对应元素。例如：

```c
char *p[5]={"C","C++","VB","JAVA","PHP"};
```

定义了p是指针数组，它有5个元素，分别存放了字符串"C"、"C++"、"VB"、"JAVA"、"PHP"的起始地址。

【例7.11】用0～6分别代表星期日至星期六，当输入其中的任意一个数字时，请输出对应的星期名。

```c
#include <stdio.h>
int main()
```

```
{    char *weekname[7]={"Sunday","Monday","Tuesday","Wednesday",
                        "Thursday","Friday","Saturday"};
     int week;
     printf("input week No:");
     scanf("%d",&week);
     if((week>=0)&&(week<7))
         printf("week No:%d-->%s\n",week,weekname[week]);
     else
         printf("input error!!\n");
     return 0;
}
```

程序运行结果：

```
input week No:6↙
week No:6-->Saturday
```

7.5   指向指针的指针变量

● 视 频

指向指针的
指针变量

指向指针的指针变量中存放的是另一个指针变量的地址，则称这个指针变量为指向指针的指针变量。

在前面介绍过，通过指针访问变量称为间接访问，简称间访。由于指针变量直接指向变量，所以称为单级间访。而如果通过指向指针的指针变量来访问变量，则构成了二级或多级间访。

定义指向指针的指针变量的一般形式为：

类型说明符 **变量名;

其中，"类型说明符"是指针所指的指针变量所指向的那个变量的类型，"**"是指向指针的指针变量的标志。例如：

int **pp;

表示pp是一个指针变量，它指向另一个指针变量，而这个指针变量指向一个整数类型。

【例7.12】指向指针的指针变量示例。

```
#include <stdio.h>
int main()
{    int x,*p,**pp;
     x=10;
     p=&x;                    /* 一级指针变量 p 指向了整型变量 x */
     pp=&p;                   /* 二级指针变量pp 指向了一级指针变量 p */
     printf("x=%d\n",**pp);   /* 通过指向指针的指针变量pp输出x的值 */
     return 0;
}
```

程序运行结果：

```
x=10
```

视 频

指针与函数

7.6 指针与函数

7.6.1 指针变量作为函数参数

函数参数的类型不仅可以是整型、实型、字符型等，指针类型数据也可以作函数参数。指针作函数参数的作用是将变量的地址传递到函数中。

1. 数值型指针变量作为函数参数

【例7.13】利用函数调用的方法，求一个整数 n 的平方（要求不使用return语句）。

```c
#include <stdio.h>
void square(int *pn)                /* 求n的平方函数，指针作函数的参数 */
{   *pn=*pn**pn;
}
int main()
{   int n;
    printf("input n=");
    scanf("%d",&n);
    printf("old n=%d\n",n);         /* 输出调用square()函数之前的n的值 */
    square(&n);                     /* 把变量n的地址传递给函数square() */
    printf("new n=%d\n",n);         /* 输出调用square()函数之后的n的值 */
    return 0;
}
```

程序运行结果：

```
input n=5↙
old n=5
new n=25
```

在上述程序中，用地址传递方式把变量n的地址传递给了square()函数。函数square()用指向int类型的指针变量pn作为形参，在函数square()内形参指针变量pn的值的改变，同时也影响到了main()函数内实参n的值的改变。

【例7.14】通过函数调用，交换主调函数中两个变量的值。

```c
#include <stdio.h>
void swap(int *p1,int *p2)          /* 指针作函数的参数 */
{   int t;
    t=*p1; *p1=*p2; *p2=t;          /* 交换指针变量指向的变量的值 */
}
int main()
{   int a=33,b=55;
    swap(&a, &b);                   /* 主函数调用swap(a,b); */
```

```
    printf("a=%d\tb=%d\n",a,b);
    return 0;
}
```

程序运行结果：

```
a=55    b=33
```

在主函数中，a=33,b=55，如图 7-8（a）所示；使用变量 a、b 的地址 &a 和 &b 作函数实参调用 swap() 函数；在 swap() 函数中，形参指针变量 p1 得到地址值 &a，形参指针变量 p2 得到地址值 &b，也就是 p1、p2 分别指向了主函数中定义的变量 a 和 b，如图 7-8（b）所示；执行语句 { t=*p1; *p1=*p2; *p2=t;} 之后，p1 指向的值（*p1）和 p2 指向的值（*p2）互换，也就是使 a 和 b 的值互换，如图 7-8（c）所示；函数调用结束后返回到主函数中，swap() 函数中的形参 p1 和 p2 不复存在（已释放），只剩在主函数中定义的变量 a 和 b，如图 7-8（d）所示。

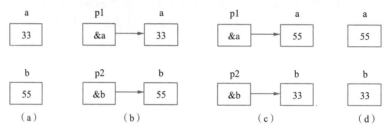

图 7-8　例题 7.14 程序的执行示意图

另外，在程序中，也可以把主函数里的语句 int a=33,b=55;改为 int a=33,b=55,*pa=&a,*pb=&b;，swap(&a,&b);改为 swap(pa,pb);实现，即把指针变量 pa、pb 作为实参传递给被调函数的形参指针变量 p1 和 p2。其他全部都一致。

2. 数组名作为函数参数

数组名代表数组的首地址，是一个指针，数组名作为参数的作用是将数组的首地址传递到被调用的函数中。实参与形参的对应关系有以下四种情况。下面通过例题分别说明这四种情况。

【例 7.15】通过键盘输入 N 个学生某一门课程的成绩，利用函数调用求学生的平均成绩。

第一种情况：实参和形参都用数组名。

```
#include <stdio.h>
#define N 5
float average(int a[])
{   int i;
    float avg,s=0;
    for(i=0;i<N;i++)
        s=s+a[i];                        /* e1行 */
    avg=s/5;
    return(avg);
}
int main()
{   int i,score[N];                      /* e2行 */
```

```
    float avg;
    printf("Input %d scores:", N);
    for(i=0;i<N;i++)
        scanf("%d",&score[i]);
    avg=average(score);                    /* e3行 */
    printf("Average score:%.1f\n",avg);
    return 0;
}
```

程序运行结果：

```
Input 5 scores:98 75 87 66 91↙
Average score:83.4
```

第二种情况：实参用数组名，形参用指针变量。

在第一种情况的程序中：在被调用函数里，将数组形参a[]改为指针变量形参*p，即将函数头部float average(int a[])改为float average(int *p)，e1行改为s=s+*(p+i);，其他全部都一致。

第三种情况：实参用指针变量，形参用数组名。

在第一种情况的程序中：在主调函数里，将e2行 int i,score[N];改为int i,score[N],*p=score;，e3行avg=average(score);改为avg=average(p);，即把作为实参的数组名改为指针变量p。其他全部都一致。

第四种情况：实参和形参都用指针。

在第一种情况的程序中：在主调函数里，将e2行 int i,score[N];改为int i,score[N],*p=score;，e3行avg=average(score);改为avg=average(p);，即把作为实参的数组名改为指针变量p。在被调用函数里，把作为形参的数组a[]改为指针变量形参*p，即把函数头部float average(int a[])改为float average(int *p)，e1行改为s=s+*(p+i);。其他全部都一致。

【例7.16】通过键盘输入N个学生某一门课程的成绩，编写冒泡排序法函数将学生的成绩按从低分到高分进行排序。

```
#include <stdio.h>
#define N 10
void sort(int a[])
{   int i,j,t;
    for(i=0;i<N-1;i++)                  /* 控制比较的轮数 */
        for(j=0;j<N-1-i;j++)            /* 控制每一轮的比较和交换次数 */
            if(a[j]>a[j+1])             /* 相邻的两个元素比较，条件成立则互换值 */
            {   t=a[j]; a[j]=a[j+1]; a[j+1]=t;   }
}
int main()
{   int i,score[N];
    printf("input %d scores:\n",N);
    for(i=0;i<N;i++)
        scanf("%d",&score[i]);
    sort(score);
    printf("the sorted scores:\n");
```

```
    for(i=0;i<N;i++)                        /* 输出排序后的数组score元素的值 */
        printf("%d   ",score[i]);
    return 0;
}
```

程序运行结果：

```
input 10 scores:
88  98  75  71  65  60  91  55  85  95↙
the sorted scores:
55  60  65  71  75  85  88  91  95  98
```

程序执行过程中，在被调用函数 sort() 里对数组进行排序，该函数的形参数组 a 接收主函数的 score 数组的首地址，排序过程中进行的数据交换操作，实际上是对主函数 score 数组的数据进行数据的交换操作。

3. 字符串指针变量作为函数参数

字符串指针变量作为函数的参数，与前面介绍的数组指针作函数的参数基本相同，函数间传递的都是指针，仅是指针指向数据的类型不同而已。

【例 7.17】编程把一个字符串的内容复制到另一个字符串中，要求不能使用 strcpy() 函数。

```
#include <stdio.h>
void cpystr(char *p1,char *p2)          /* 字符串指针变量p1、p2作形参 */
{   while(*p1!='\0')                    /* 判断是否为字符串结束标志 */
    {   *p2=*p1;
        p1++;                           /* 移动字符指针p1到下一个元素位置 */
        p2++;                           /* 移动字符指针p2到下一个元素位置 */
    }
    *p2=*p1;                            /* 把p1的结束标志'\0'赋值给p2 */
}
int main()
{   char *pa="C program.",b[100],*pb;
    pb=b;
    cpystr(pa,pb);                      /* 字符串指针变量pa、pb作实参 */
    printf("string a:%s\nstring b:%s\n",pa,pb);
    return 0;
}
```

程序运行结果：

```
string a:C program.
string b:C program.
```

程序中，主函数的第一个实参为字符串指针变量 pa，pa 指向 "C program." 的第 0 号元素，第二个实参为指向字符数组 b 的字符串指针变量 pb，pb 指向数组 b 的第 0 号元素。调用函数 cpystr 时，把实参 pa 和 pb 的地址分别传递给形参字符串指针变量 p1 和 p2。

【例7.18】用函数调用方式，将输入字符串中的大写字母转换为小写字母。

```
#include <stdio.h>
#include <string.h>
void chan(char *p)                    /* 字符串指针变量p作形参 */
{   int i,n;
    n=strlen(p);
    for(i=0;i<n;i++)
        if(*(p+i)>64 && *(p+i)<92)
            *(p+i)=*(p+i)+32;
}
int main()
{   char str[]="AbcDeF";
    puts(str);
    chan(str);                        /* 字符数组名str作实参 */
    puts(str);
    return 0;
}
```

程序运行结果：

```
AbcDeF
abcdef
```

7.6.2　函数指针变量

一个函数在编译时被分配给一个入口地址，这个函数的入口地址就是函数的指针。一个函数总是占用一段连续的内存区，而函数名就是该函数所占内存区的首地址（入口地址）。可以把函数的这个首地址赋予一个指针变量，使该指针变量指向该函数，然后通过指针变量就可以找到并调用这个函数。把这种指向函数的指针变量称为函数指针变量。

函数指针变量定义的一般形式为：

```
类型说明符 (*指针变量名)([形参类型列表]);
```

其中，"类型说明符"表示被指函数的返回值的类型。"(*指针变量名)"表示"*"后面的变量定义的是指针变量。例如：

```
int (*pf)(int,int);
```

表示pf是一个指向函数入口的指针变量，该函数的返回值（函数值）是整型，形参是两个整型变量。

函数指针变量也是变量，在使用前必须赋值。在给函数指针变量赋值时，只需要给出函数名而不必给出参数。例如：

```
int (*pf)(int,int);
pf=fun;                    /* pf获得了函数fun的入口地址，即pf指向函数fun */
```

用函数指针变量调用函数的形式为：

```
(*指针变量名)([实参列表])
```

例如，对前面定义的函数指针变量pf，调用函数fun，就可以写成：

```
(*pf)(5,8);
```

【例7.19】用函数指针变量调用函数的方法，求两个整数中的较大数。

```
#include <stdio.h>
int max(int x,int y)                /* 求两个整数中的较大数的函数 */
{   if(x>y)
        return(x);
    else
        return(y);
}
int main()
{   int (*p)(int,int);              /* 定义函数指针变量p */
    int a,b,c;
    p=max;                          /* 把函数max的入口地址赋给p */
    printf("input 2 numbers:");
    scanf("%d,%d",&a,&b);
    c=(*p)(a,b);                    /* 调用函数max()，并将返回值赋给c */
    printf("max=%d\n",c);
    return 0;
}
```

程序运行结果：

```
input 2 numbers:66,55↙
max=66
```

7.6.3 指针函数

返回指针值的函数称为指针函数。指针函数定义的一般形式为：

```
类型说明符 *函数名([形参表])
{
    ...                             /* 函数体 */
}
```

其中，"类型说明符"表示了返回的指针值所指向的数据类型，"*"号表明这是一个指针函数，即返回的值是一个指针。

【例7.20】用指针函数编写程序，输入一个字符串和一个字符，查找输入的该字符在字符串中出现的位置，并从该字符首次出现的位置开始输出字符串。

```
#include <stdio.h>
#include <string.h>
char *search(char *p,char ch)       /* 定义指针函数 */
{   while(*p!='\0')
    {   if(*p!=ch)
            p++;                    /* 向后移动指针p */
```

```
        else
            return p;                          /* 返回找到的字符地址 */
        }
        return(NULL);                          /* 没有找到输入的字符, 返回空指针 */
}
int main()
{   char ch,str[100],*p=NULL;
    printf("Please input a string:");
    gets(str);                                 /* 输入字符串 */
    printf("Please input a character:");
    ch=getchar();                              /* 输入要查找的字符 */
    p=search(str,ch);                          /* 调用函数并把返回的函数的指针赋给p */
    if(p==NULL)
        printf("Not find\n");
    else
        printf("%s\n",p);
    return 0;
}
```

程序运行结果：

```
Please input a string:C program.↙
Please input a character:g↙
gram.
```

在程序中，也可把 search 函数的函数体简化成如下：

```
{   while(*p!=ch && *p!='\0')
        p++;                                   /* 向后移动指针p */
    return(*p?p:NULL);
}
```

7.7 main() 函数的返回值和参数

7.7.1 main()函数的返回值

main()作为函数，也有调用问题。对 main() 函数的调用者是操作系统。有调用就有返回值的问题。这个值返回到调用它的操作系统。对于 DOS 操作系统，返回值为 0，表示程序正常结束；返回任何其他值，均表示程序非正常终止。

对没有说明为 void 类型的 main() 函数，如果程序中没有 return 语句，在编译时，有的系统会给出错误信息。

7.7.2 main()函数的参数

前面介绍的 main() 函数都是不带参数的（main 后面的括号里为空）。实际上 main() 函数是可以带参数的，其一般形式为：

```
main(int argc,char *argv[])
```

其中，形参argc表示命令行参数的个数（包括运行文件名），形参argv是指向命令行参数的字符串指针数组。

C语言规定，main()函数是程序的入口，main()函数不能被其他函数调用，因此不可能在程序内部使main()函数的形参取得实际值。那么，在何处把实参值赋予main()函数的形参呢？实际上，main()函数形参的值是从操作系统命令上取得的。在操作系统下运行一个可执行文件时，在DOS提示符下输入文件名，再输入实际参数就可以把这些实际参数传递到main()函数的形参中去。

DOS提示符下命令行的一般形式为：

```
C:\>可执行文件名 参数1 参数2 … 参数n；
```

可执行文件名和参数之间、各个参数之间用一个空格分隔。指针数组元素argv[0]指向的字符串是可执行文件名，argv[1]指向的字符串是命令行中的参数1，argv[2]指向的字符串是命令行中的参数2，…。

【例7.21】带参数的main()函数的应用示例。

```
#include <stdio.h>
int main(int argc,char *argv[])
{    int i;
     printf("argc=%d\t",argc);
     for(i=0;i<argc;i++)
         printf("%s\t",*argv++);
     return 0;
}
```

运行此程序时，先进行编译、连接生成此程序对应的.exe可执行文件，进入到源程序所在文件夹下，如可执行程序ex7_21.exe在本机的路径为"G:\\C_test"，打开命令行工具，在终端输入运行参数：.\ex7_21.exe 10 20 30，其中"."为执行符号，则运行结果如下：

● 视 频

程序举例

```
G:\C_test>.\ex7_21.exe 10 20 30
argc=4  .\ex7_21.exe    10    20    30
```

7.8 程序举例

【例7.22】通过键盘输入三个整数，按从大到小的顺序输出这三个整数。

```
#include <stdio.h>
void swap(int *p1,int *p2)              /* 指针变量作为形参 */
{    int t;
     t=*p1; *p1=*p2; *p2=t;
}
void exchange(int *p1,int *p2,int *p3)
{    if(*p1<*p2)                         /* p1<*p2，则交换*p1和*p2的值 */
         swap(p1,p2);
     if(*p1<*p3)                         /* p1<*p3，则交换*p1和*p3的值 */
         swap(p1,p3);
```

```
        if(*p2<*p3)                          /* p2<*p3,则交换*p2和*p3的值 */
            swap(p2,p3);
}
int main()
{   int a,b,c,*p1,*p2,*p3;
    printf("input a,b,c:");
    scanf("%d,%d,%d",&a,&b,&c);
    p1=&a; p2=&b; p3=&c;
    exchange(p1,p2,p3);                      /* 指针变量作为实参 */
    printf("%d %d %d\n",a,b,c);
    return 0;
}
```

程序运行结果：

```
input a,b,c:55,33,66✓
66 55 33
```

【例7.23】定义含有10个元素的数组，首先按顺序输出数组中各元素的值，其次将数组中的元素按逆序重新存放后输出其值（完成逆序存放操作时，只允许开辟一个临时存储单元）。

```
#include <stdio.h>
void sort(int b[])
{   int t,*p=b,*q=NULL;
    q=b+9;                                   /* 指针变量q指向数组最后一个元素 */
    while(p<q)                               /* 实现按逆序存放数组a中的值 */
    {   t=*p;
        *p=*q;
        *q=t;
        p++;                                 /* 向后移动指针p */
        q--;                                 /* 向前移动指针q */
    }
}
int main()
{   int i;
    int a[10]={1,2,3,4,5,6,7,8,9,10};
    int *p=a;
    for(i=0;i<10;i++)                        /* 按顺序输出数组中各元素的值 */
        printf("%4d",*(p+i));
    printf("\n");
    sort(a);
    for(p=a;p-a<10;p++)                      /* 按逆序输出数组中各元素的值 */
        printf("%4d",*p);
    printf("\n");
    return 0;
}
```

程序运行结果：

```
    1    2    3    4    5    6    7    8    9   10
   10    9    8    7    6    5    4    3    2    1
```

第一个 for 语句通过循环输出原始数组 a 的各元素值过程中，指针 p 没有移动，始终指向 a[0]元素。第二个 for 语句通过循环输出重新排序后的数组 a 的各元素值过程中，每输出一个元素值，指针就移动指向下一个元素。

【例7.24】使用选择排序法，并利用指针数组对字符串按字典顺序排序。

```c
#include <stdio.h>
#include <string.h>
void sort(char *s[],int n)      /* 实现对多个字符串排序，形参为字符串指针数组 */
{   int i,j,k;
    char *t;
    for(i=0;i<n-1;i++)
    {   k=i;
        for(j=i+1;j<n;j++)
            if(strcmp(s[k],s[j])>0)      /* 通过下标访问一维数组的元素 */
            {   k=j;
                t=s[i];                  /* 交换的是指针数组元素的值，即交换地址 */
                s[i]=s[k];
                s[k]=t;
            }
    }
}
void output(char *s[],int n)   /* 实现对多个字符串输出，形参为字符串指针数组 */
{   int i;
    for(i=0;i<n;i++)
        printf("%s\t   ",s[i]);
    printf("\n");
}
int main()
{   int n=7;
    char *week[7]={"Sunday","Monday","Tuesday","Wednesday",
                                "Thursday","Friday","Saturday"};
    output(week,n);                      /* 实参为字符串指针数组的数组名 */
    sort(week,n);
    output(week,n);
    return 0;
}
```

程序运行结果：

```
Sunday    Monday    Tuesday   Wednesday   Thursday   Friday   Saturday
Friday    Saturday  Monday    Sunday      Thursday   Tuesday  Wednesday
```

在 sort() 函数内实现排序的过程中交换两个字符串时，只需交换字符串指针数组相应两元素的内容（地址）即可，而不必交换字符串本身，也就是只是改变了字符串指针数组中指针的指向。另外，sort 函数被调用时，作为形参的字符串指针数组 s 接收传递的字符串指针数组 week 的首地址，在排序过程中对字符串指针数组 s 的数组元素的内容的改变，实际上改变了实参的字符串指针数组 week 元素的内容。

【例7.25】要求用函数调用方式，把一个字符串的内容复制到另一个字符串中。

将字符数组名和指向字符串的字符串指针变量作为函数参数编写的程序如下：

```
#include <stdio.h>
void copystr(char *p,char *q) /* 字符串指针变量p和q作为形参 */
{    while((*p++=*q++)!='\0')
        ;
}
int main()
{    char str[]={"I am a student."};
     char *s="I love China.";
     copystr(str,s);    /* 字符串指针数组的数组名str和字符串指针变量s作为实参 */
     printf("%s\n",str);
     return 0;
}
```

程序运行结果：

I love China.

在复制字符串时，必须一个字符一个字符地复制，所以需要使用循环语句。在 while 语句中，((*p++=*q++)!='\0') 先进行赋值运算，再判断是否为字符串结束标志 '\0'，是 '\0' 时，则停止循环。

小　结

指针是 C 语言中广泛使用的一种数据类型。运用指针编程是 C 语言最主要的风格之一。本章介绍了指针、指针变量、指针与数组和字符串、指针数组、指针函数、函数指针、指针变量作为函数参数和一级指针等。

1．变量的取地址运算符"&"和取内容运算符"*"是一对互逆的运算符。

2．有三种值可以用来初始化一个指针，它们是 0、NULL 和一个地址。把一个指针初始化为 0 和初始化为 NULL 是等价的。指针变量可以有空值，即该指针变量不指向任何变量。另外，指针变量可以与 NULL 或 0 进行相等或不相等的比较，例如，p==NULL 或 p==0，表示 p 为空指针。

3．数组名代表数组在内存中的首地址，称为数组的指针。可以将一维数组名赋给一个指针变量，并用它访问数组元素；也可以将二维数组名或二维数组行指针赋给一个指向一维数组的指针变量，并用它访问二维数组元素。

4．指针数组常用来构造字符串数组，字符串数组（指针数组）中的每一个元素实际上是每一个字符串的首地址。因此，使用字符指针变量或字符串指针数组能够很方便地进行字符串操作。

5. 指针类型数据也可以作函数参数。指针作函数参数的作用是将变量的地址传递到函数中。

6. 使用指针函数可以获得更多的处理结果。对于指针函数，用 return 语句返回的值是一个指针值。

习　题

一、单选题

1. 若定义了 int i,j,*p,*q;，下面的赋值正确的是（　　）。

    A. i=&j　　　　　B. *q=&j　　　　　C. q=&p　　　　　D. p=&i

2. 若定义了 int a[8];，则下面表达式中不能代表数组元素 a[1] 的地址是（　　）。

    A. &a[0]+1　　　　B. &a[1]　　　　　C. &a[0]++　　　　D. a+1

3. 若有定义：char s[]={"12345"},*p=s;，则下面表达式中不正确的是（　　）。

    A. *(p+2)　　　　B. *(s+2)　　　　　C. p="ABC"　　　　D. s="ABC"

4. 变量 i 的值为 3，i 的地址为 1000，若要使 p 为指向 i 的指针变量，则下列赋值正确的是（　　）。

    A. &i=3　　　　　B. *p=3　　　　　C. *p=1000　　　　D. p=&i

5. 若有定义：int a[5]={1,2,3,4,5},*p=a;，则不能表示 a 数组元素的表达式是（　　）。

    A. *p　　　　　　B. a[5]　　　　　C. *a　　　　　　D. a[p-a]

6. 下面程序的输出结果是（　　）。

```
#include <stdio.h>
int main()
{   int i;
    int *int_ptr;
    int_ptr=&i;
    *int_ptr=5;
    printf("i=%d",i);
    return 0;
}
```

    A. i=0　　　　　　B. i为不定值　　　　C. 程序有错误　　　D. i=5

7. 下面程序的输出结果是（　　）。

```
#include <stdio.h>
int main()
{   int *p1,*p2,*p;
    int a=5,b=8;
    p1=&a; p2=&b;
    if(a<b)
    {   p=p1; p1=p2; p2=p;  }
    printf("%d,%d",*p1,*p2);
    printf("%d,%d",a,b);
```

```
        return 0;
    }
```

    A. 8,55,8   B. 5,88,5   C. 5,85,8   D. 8,58,5

8. 下面程序的输出结果是（   ）。

```
#include <stdio.h>
#include <string.h>
int main()
{   char *p1,*p2,str[50]="abc";
    p1="abc"; p2="abc";
    strcpy(str+1,strcat(p1,p2));
    printf("%s\n",str);
    return 0;
}
```

    A. abcabcabc   B. bcabcabc   C. aabcabc   D. cabcabc

二、填空题

1. 设 int a[10],*p=a;，则对 a[2] 的正确引用是 p[_____] 和 *(p_____)。

2. 设有定义：int k,*p1=&k,*p2;，能完成表达式 p2=&k 功能的表达式可以写成_____。

3. 下面程序的输出结果是_____。

```
#include <stdio.h>
void ast(int x,int y,int *cp,int *dp)
{   *cp=x+y;
    *dp=x-y;
}
int main()
{   int a,b,c,d;
    a=4;
    b=3;
    ast(a,b,&c,&d);
    printf("%d %d\n",c,d);
    return 0;
}
```

4. 下面程序的输出结果是_____。

```
#include <stdio.h>
int main()
{   char a[]="abcdefg",*p=a;
    a[2]='\0';
    puts(p);
    return 0;
}
```

5. 下面程序的输出结果是_____。

```
#include <stdio.h>
```

```
#include <string.h>
int main()
{    char s[80]="Look at",*p=&s[4];
     p++;
     strcpy(p,"this");
     puts(s);
     return 0;
}
```

三、编程题

1. 用指针法编写求字符串长度的函数。

2. 将第二个字符串连接在第一个字符串的后面。

3. 统计一个字符串中单词的个数。

4. 求出若干个数的最大值、最小值和平均值。

5. 编写一个交换变量值的函数，利用该函数交换数组a和数组b中的对应元素值。

第8章

结构体和共用体

前面的章节中已经介绍了各种基本数据类型、数组和指针。但只有这些数据类型还难以处理一些比较复杂的数据结构。本章将以前面介绍的数据类型为基础，进一步介绍结构体、链表、共用体、枚举类型，以及 typedef 定义类型。

视频

结构体

8.1 结 构 体

8.1.1 结构体类型的定义

在实际问题中，一组数据往往具有不同的数据类型。例如，在学生登记表中，姓名为字符型；学号可为整型或字符型；性别为字符型；成绩为实型。这一组数据不能用一个数组来存放，因为各数据的类型和长度都不一致。为了解决这类问题，C 语言提供了另一种构造数据类型，即结构体类型。结构体类型由若干成员组成，每一个成员都可以是各种类型的数据。

定义结构体类型的一般形式为：

```
struct 结构体名
{
    类型说明符 成员名1;
    类型说明符 成员名2;
    …
    类型说明符 成员名n;
};
```

成员名的命名应符合C语言标识符的书写规定。例如：

```
struct student
{   int num;
    char name[20];
    char sex;
    float score;
};
```

这里定义了一个名为student的结构体类型，它由num、name、sex、score这4个成员组成。

8.1.2　结构体变量的定义

结构体变量的定义有以下三种形式。以上面定义的结构体 student 为例来加以说明。

（1）先定义结构体类型，再定义结构体变量

例如：

```
struct student
{   int num;
    char name[20];
    char sex;
    float score;
};
struct student boy1,boy2;
```

先定义结构体类型，然后定义了结构体变量 boy1 和 boy2。

（2）在定义结构体类型的同时，定义结构体变量

例如：

```
struct student
{   int num;
    char name[20];
    char sex;
    float score;
}boy1,boy2;
```

在定义结构体类型的同时，定义了结构体变量 boy1 和 boy2。

（3）省略结构体名，直接定义结构体变量

例如：

```
struct
{   int num;
    char name[20];
    char sex;
    float score;
}boy1,boy2;
```

省略结构体名，直接定义了结构体变量 boy1 和 boy2。

在上述 student 结构体定义中，成员是由基本数据类型和数组组成的。成员也可以是另一个结构体类型，即构成了嵌套的结构体。例如：

```
struct date
{   int month;
    int day;
    int year;
};
struct student
{   int num;
    char name[20];
```

```
        char sex;
        struct date birthday;
        float score;
}boy1,boy2;
```

这里先定义了一个结构体类型 date，它代表日期，由 3 个成员 month、day、year 组成。然后在定义 struct student 类型时，将成员 birthday 指定为 struct date 类型。

8.1.3　结构体变量的引用

在程序中引用结构体变量时，一般不把它作为一个整体来引用，而是引用结构体变量中的成员。引用结构体变量中的成员的一般形式为：

结构体变量名.成员名

其中，"."是成员运算符，它的优先级别最高，结合方向为自左向右。例如，boy1.num 表示 boy1 变量中的 num 成员。如果成员本身又是一个结构体，则必须逐级找到最低级的成员才能使用。例如，boy1.birthday.month。

8.1.4　结构体变量的赋值

结构体变量的赋值就是给各个成员赋值，可用输入语句或赋值语句来实现。例如，对于前面定义的 student 类型的结构体变量 boy1 的成员 sex 赋值 M，两种赋值方式如下：

使用赋值语句实现赋值：boy1.sex='M';

使用 scanf() 输入函数实现赋值：scanf("%c",&boy1.sex);

说明：同类型的两个结构体变量可以进行整体赋值。如 boy1=boy2;。但使用 scanf() 函数不能对结构体变量整体进行赋值，也不能用 printf() 函数对结构体变量进行整体输出。

【例 8.1】给结构体变量赋值，并输出其值。

```
#include <stdio.h>
int main()
{    struct student                              /* 定义结构体student */
     {   long int num;
         char sex;
         float score;
     }boy1,boy2;                                 /* 定义结构体变量boy1和boy2 */
     boy1.num=2023050180;                        /* 给boy1的成员num赋值 */
     printf("input sex and score:");
     scanf("%c,%f",&boy1.sex,&boy1.score);       /* 给结构体成员输入值 */
     boy2=boy1;                                  /* 给结构体变量整体赋值 */
     printf("number=%ld\tsex=%c\tscore=%.1f\n",boy2.num,boy2.sex,
                         boy2.score);/* 结构体成员输出 */

     return 0;
}
```

程序运行结果：

```
input sex and score:F,78.5↙
```

```
number=2023050180          sex=F  score=78.5
```

8.1.5　结构体变量的初始化

和其他类型的变量一样，结构体变量也可以在定义结构体变量时进行初始化。结构体变量初始化的一般形式为：

```
struct 结构体变量={初始化数据};
```

结构体变量的各个成员将依次获得用花括号括起来的初始化数据集合中的对应常量值。例如：

```
struct student
{   long int num;
    char sex;
    float score;
}boy={2023050180,'F',78.5};
```

或

```
struct student
{   long int num;
    char sex;
    float score;
};
struct student boy={2023050180,'F',78.5};
```

【例8.2】定义结构体类型的同时，定义结构体变量并赋初值。

```
#include <stdio.h>
struct student                              /* 定义结构体student */
{   long int num;
    char sex;
    float score;
}boy2,boy1={2023050180,'F',78.5};           /* 对变量boy1的成员初始化 */
int main()
{   boy2=boy1;                              /* 把boy1整体赋给boy2 */
    printf("number=%ld\tsex=%c\tscore=%.1f\n",boy2.num,boy2.sex,
                                            boy2.score);
    return 0;
}
```

程序运行结果：

```
number=2023050180          sex=F  score=78.5
```

8.1.6　结构体数组

1. 结构体数组的定义

结构体数组的每一个元素都具有相同的结构体类型，其定义方法有三种形式：

（1）先定义结构体类型，再定义结构体数组

例如：

```
struct student
{   int num;
    char name[20];
    char sex;
    float score;
};
struct student boy[5];
```

先定义了结构体类型 student，然后定义一个结构体数组 boy[5]，共有 5 个元素 boy[0] ～ boy[4]，每个数组元素都具有 struct student 的结构形式。

（2）在定义结构体类型的同时，定义结构体数组

例如：

```
struct student
{   int num;
    char name[20];
    char sex;
    float score;
}boy[5];
```

在定义结构体类型的同时，定义了一个结构体数组 boy[5]。

（3）省略结构体名，直接定义结构体数组

例如：

```
struct
{   int num;
    char name[20];
    char sex;
    float score;
}boy[5];
```

省略结构体名，直接定义了一个结构体数组 boy[5]。

2. 结构体数组的初始化与引用

初始化的方法和其他类型的数组一样，即每个结构体数组元素均用花括号括起来，在结构体数组初始化的外围再括上另一对花括号。例如：

```
struct student
{   int num;
    char name[20];
    char sex;
    float score;
}boy[2]={{202301,"Wangna",'M',85},{202302,"Lina",'F',91}};
```

如果不指定数组长度，在编译时 C 语言系统会根据所给初值个数确定数组的长度。

一个定义的结构体数组中的每一个元素都是一个结构体变量，所以要引用结构体数组元素

的成员时，也要使用成员运算符"."。引用结构体数组元素的一般形式为：

数组名[数组元素的下标].成员名

【例8.3】有N名学生，每名学生的数据信息包括学号、姓名、性别、某门课程的成绩，从键盘上输入N名学生的数据信息，要求显示平均成绩、成绩不及格的学生人数和所有成绩超过全班平均值学生的数据信息。

```
#include <stdio.h>
#define N 5
struct student
{   int num;
    char name[20];
    char sex;
    float score;
};
int main()
{   struct student stu[N];              /* 定义结构体数组stu */
    int i,count=0;
    float avg=0.0;
    printf("Input data:\n");
    for(i=0;i<N;i++)
    {   scanf("%d %s %c %f",&stu[i].num,stu[i].name,&stu[i].sex,
                                              &stu[i].score);
        avg+=stu[i].score;             /* 累加学生的成绩 */
        if(stu[i].score<60.0)          /* 查找成绩不及格的学生，并统计人数 */
            count++;
    }
    avg=avg/N;
    printf("average:%.1f\n",avg);
    printf("count:%d\n",count);
    for(i=0;i<N;i++)                   /* 查找成绩超过平均值的学生 */
        if(stu[i].score>avg)
            printf("%d %s %c %.1f\n",stu[i].num,stu[i].name,stu[i].sex,
                                              stu[i].score);
    return 0;
}
```

程序运行结果：

```
Input data:
202301 Wangna F 95✓
202302 Lina F 85✓
202303 Wanggang M 55✓
202304 Zhangsan M 98✓
202305 Lisi M 73✓
average:81.2
```

```
count:1
202301 Wangna F 95.0
202302 Lina F 85.0
202304 Zhangsan M 98.0
```

8.1.7　指向结构体变量的指针

一个指针变量中存放了一个结构体变量地址，这个指针变量就指向该结构体变量，称为结构体指针变量。通过结构体指针就可以访问该结构体变量。

1. 结构体指针变量的定义

定义结构体指针变量的一般形式为：

```
struct 结构体类型名 *结构体指针变量名;
```

例如，在例 8.1 中定义了 student 结构体，如果要定义一个指向该结构体的指针变量 pstu，可写为：

```
struct student *pstu;
```

当然也可以在定义 student 结构体时，在 "}" 的后面同时定义结构体指针变量。

结构体名和结构体指针变量是两个不同的概念，不能混淆。结构体名只能表示一个结构体形式，编译系统并不对它分配存储空间。只有当某变量被说明为这种类型的结构时，才对该变量分配存储单元。

2. 结构体指针变量的赋值

结构体指针变量必须先赋值后使用。赋值是把结构体变量的首地址赋给指针变量，不能把结构体名赋给指针变量。例如，在上述定义中，pstu=&boy1;是正确的，而 pstu=&student;是错误的。

3. 结构体指针变量的引用

一个结构体指针变量引用结构体变量成员的形式有以下两种：

```
(*结构体指针变量).成员名;
结构体指针变量->成员名;
```

例如：

```
(*pstu).num;
pstu->num;
```

应该注意(*pstu)两侧的括号不可少，因为成员符 "." 的优先级高于 "*"。如去掉括号写成 *pstu.num，则等效于*(pstu.num)，这样，意义就完全不对了。

【例 8.4】结构体指针变量的应用示例。

```
#include <stdio.h>
#include <string.h>
struct student
{   int num;
    char name[20];
    char sex;
```

```
    int score;
};
int main()
{   struct student stu,*p;              /* p为指向结构体student的指针变量 */
    p=&stu;                             /* 使指针变量p指向结构体变量stu */
    p->num=202305;                      /* 给结构体成员num赋值 */
    strcpy(p->name,"Wangna");           /* 用字符串复制函数为name成员赋值 */
    p->sex='F';                         /* 给结构体成员sex赋值 */
    p->score=95;                        /* 给结构体成员score赋值 */
    printf("Num:%d\tName:%s\t",p->num,p->name);     /* 输出结构体成员的值 */
    printf("Sex:%c\tScore:%d\n",p->sex,p->score);   /* 输出结构体成员的值 */
    return 0;
}
```

程序运行结果：

```
Num:202305        Name:Wangna        Sex:F     Score:95
```

【例8.5】指向结构体数组的指针的应用示例。

```
#include<stdio.h>
struct student                          /* 定义结构体数组stu,并初始化 */
{   int num;
    char name[20];
    char sex;
    int score;
}stu[3]={2021,"Lina",'F',98,2022,"Lijun",'M',85,2023,"Lisi",'M',65};
int main()
{   struct student *p;                  /* p为指向结构体student的指针变量 */
    for(p=stu;p<stu+3;p++)              /* p指向结构体数组stu */
        printf("%d\t%s\t%c\t%d\n",p->num,p->name,p->sex,p->score);
    return 0;
}
```

程序运行结果：

```
2021    Lina    F       98
2022    Lijun   M       85
2023    Lisi    M       65
```

8.2 动态存储分配与链表

视频
动态存储分配与链表

当有存储数量比较多的同类型或同结构的数据时，一般首先考虑数组。然而在实际应用中，当处理一些难以确定其数量的数据时，如果用数组来处理，必须事先分配一个足够大的连续空间，以保证数组元素数量充分够用，但这样处理有时是对存储空间的一种浪费。C语言使用动态内存分配来解决这样的问题，其中常用的方法是链表。链表是一种常见的数据结构，它动态地进行存储空间的分配，并且可以方便而又简单地进行数据插入、删除等操作。

8.2.1 链表的概念

链表是指若干个数据按一定的原则连接起来的一种动态数据结构。这个原则为：前一个数据指向下一个数据，只有通过前一个数据项才能找到下一个数据项。

链表有一个"头指针"（head），它指向链表的第一个元素（数据项）。链表的一个元素称为一个"结点"（node）。结点中包含两部分内容，第一部分是结点数据本身，如图 8-1 中的 A、B、C、D 所示。结点的第二部分是一个指针，它指向下一个结点。最后一个结点称为"表尾"，表尾结点的指针不指向任何地址，因此为空（NULL）。

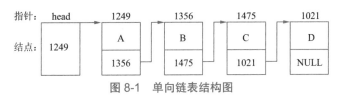

图 8-1 单向链表结构图

如果每个结点采用一个指针，将前一个结点的指针指向下一个结点，这称为单链表。如果每个结点有两个指向其他结点的指针，则称为双链表。本节主要讨论单链表。

由以上链表可以看到，链表中的每个结点至少包含两个域，一个域用来存放数据，其类型根据需存放的数据类型定义；另一个域用来存放下一个结点的地址，因此必然是一个指针类型，此指针的类型应该是所指向的表结点的结构体数据类型。

在 C 语言中，可以用结构体类型来实现链表。例如，对例 8.5 中定义的结构体类型 student，在原有结构体成员的基础上，增加结构体类型的成员 next，将指针成员 next 作为链表的指针域，调整之后的学生数据信息的结构类型，如图 8-2 所示。

```
struct student                    /* 定义结构体数组并初始化*/
{   int num;
    char name[20];
    char sex;
    int score;
    struct student *next;
}stu[3]={2021,"Li",'F',98,&stu[1],2022,"Xu",'M',85,&stu[2],2023,"Ma",'M',65,NULL};
```

其中 next 是结构体指针变量，用来存放下一个结点的地址，即 next 指向下一个结点。

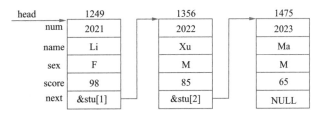

图 8-2 学生数据信息链表中三个结点的状态示意图

8.2.2 动态存储分配

定义了链表的结点结构类型之后，就要考虑怎样给结点分配相应的内存空间。链表是动态分配内存空间的，即在程序执行过程中，根据需要动态地分配链表结点所需的内存空间（生成新的链表结点），或动态地释放链表结点所占内存空间（删除原有的结点），整个操作通过调用系统提供的库函数实现，这些函数包含在stdio.h或malloc.h中。下面介绍三种函数。

1. malloc()函数（分配内存空间函数）

函数调用的形式为：

```
void *malloc(unsigned size);
```

其作用是在内存中动态分配一块大小为size个字节的连续内存空间。若分配成功，就返回分配到的空间的首地址，否则返回NULL。因该函数的返回值类型是void *，即不确定所指向的数据类型，所以在实际使用时，必须用强制类型转换将它转换成确定类型的指针值。

2. calloc()函数（分配内存空间函数）

函数调用的形式为：

```
void *calloc(unsigned n,unsigned size);
```

其作用是在内存中动态分配n个连续的单元块，每个单元块的大小为size个字节。若分配成功，则函数返回分配到的空间的首地址，否则返回NULL。因该函数的返回值类型是void *，即不确定所指向的数据类型，所以在实际使用时，必须用强制类型转换将它转换成确定类型的指针值。

3. free()函数（释放内存空间函数）

函数调用的形式为：

```
void free(void *p);
```

其作用是释放指针变量p所指向的内存空间，即系统回收，使这段空间又可以被其他变量所用。其中指针变量p只能是最近一次调用malloc()或calloc()函数时返回的值。

【例8.6】分配一块区域，输入一个整数值并输出。

```
#include <stdio.h>
#include <stdlib.h>
int main()
{   int *a=(int*)malloc(sizeof(int));
    scanf("%d",a);
    printf("a=%d\n",*a);
    free(a);
    return 0;
}
```

程序运行结果：

```
1000↙
a=1000
```

8.2.3　创建动态链表和输出链表

创建动态链表是指在程序执行过程中，为链表中的每一个结点动态地申请内存空间，并顺次建立起它们之间的关系。

输出链表是将链表上各个结点的数据顺次输出。输出链表时，首先要得到链表中第一个结点的地址（head 的值），然后通过 head 顺次找到链表中各个结点，并输出各个结点中的数据。

【例 8.7】以 3 个结构体变量为结点创建一个链表并输出。

```
#include <stdio.h>
struct node
{   int data;
    struct node *next;
};
int main()
{   struct node a,b,c,*head,*p;
    head=&a;                              /* 头结点指向a结点 */
    a.data=5;a.next=&b;                    /* a结点指向b结点 */
    b.data=10;b.next=&c;                   /* b结点指向c结点 */
    c.data=15;c.next=NULL;                 /* c结点是尾结点 */
    p=head;                               /* 将指针p指向第一个数据结点 */
    while(p!=NULL)
    {   printf("%d-->",p->data);          /* 输出指针p所指向结点的数据 */
        p=p->next;                         /* 使p下移指向下一个结点 */
    }
    printf("NULL\n");
    return 0;
}
```

程序运行结果：

5-->10-->15-->NULL

8.2.4　链表的基本操作

链表的基本操作包括，建立并初始化链表，遍历访问链表（包括查找结点、输出结点等），删除链表中的结点，在链表中插入结点。链表的各种基本操作的步骤如下：

1. 建立链表

① 建立头结点（或定义头指针变量）。

② 读取数据。

③ 生成新结点。

④ 将数据存入结点的数据域中。

⑤ 将新结点连接到链表中（将新结点地址赋给上一个结点的指针域从而连接到链表）。

⑥ 重复步骤②～⑤，直到尾结点为止。

2. 遍历访问链表

输出链表即顺序访问链表中各结点的数据域。方法是：从头结点开始，不断地读取数据和下移指针变量，直到尾结点为止。

3. 删除链表中的一个结点

① 找到要删除结点的前驱结点。

② 将要删除结点的后驱结点的地址赋给要删除结点的前驱结点的指针域。

③ 将要删除结点的存储空间释放。

4. 在链表的某结点前插入一个结点

① 开辟一个新结点并将数据存入该结点的数据域。

② 找到插入点结点。

③ 将新结点插入到链表中，将新结点的地址赋给插入点上一个结点的指针域，并将插入点的地址存入新结点的指针域。

下面通过例子来说明链表的这些基本操作。

【例8.8】建立一个学生单链表存放学生成绩，设计一个学生成绩管理系统，实现链表建立、输入、插入、删除、输出等操作。

```c
#include <stdlib.h>
#include <stdio.h>
struct list                             /* 定义链表的结点类型 */
{   int score;
    struct list *next;
};
struct list *delet(struct list *head);      /* 删除结点函数声明 */
struct list *insert(struct list *head);     /* 插入结点函数声明 */
void out_list(struct list *head);           /* 输出链表中各成员值的函数声明 */
struct list *create();                      /* 创建链表函数声明 */
struct list *Free_List(struct list *listhead);  /*释放链表全部结点函数声明*/
int main()
{   int ch;
    struct list *head;
    head=NULL;
    while(1)
    {   printf("1: 建立链表  2：插入结点  3：删除结点  4：输出结点  0：退出\n");
        printf("请选择操作:");
        scanf("%d",&ch);
        switch(ch)
        {   case 1: head=create();break;
            case 2: head=insert(head);break;
            case 3: head=delet(head);break;
            case 4: out_list(head);break;
            case 0: head=Free_List(head);
        }
        if(ch==0)
            break;
    }
```

```
        return 0;
}
struct list *create()                          /* 创建链表函数 */
{   struct list *listhead,*p,*listp;
    int score;
    listhead=NULL;
    printf("请输入学生的成绩:");
    scanf("%d",&score);
    while(score!=-1)                           /* 当成绩输入为-1时，程序结束 */
    {   p=(struct list *)malloc(sizeof(struct list));   /* 动态申请结点空间 */
        if(listhead==NULL)
            listhead=p;
        else
            listp->next=p;
        listp=p;
        listp->score=score;
        listp->next=NULL;
        printf("请输入学生的成绩:");
        scanf("%d",&score);
    }
    return listhead;
}
void out_list(struct list *listhead)           /* 输出链表中成员值的函数 */
{   struct list *p;
    if(listhead==NULL)                         /* listhead为空链表时返回 */
    {   printf("空链表\n");
        return;
    }
    p=listhead;
    while(p!=NULL)
    {   printf("%d\n",p->score);               /* 输出p指向结点的data成员 */
        p=p->next;                             /* 指针p后移一个结点指向 */
    }
}
struct list *insert(struct list *listhead)     /* 插入结点函数 */
{   struct list *p,*listp;
    int k,score,n;
    if(listhead==NULL)                         /* listhead为空链表时返回 */
    {   printf("空链表\n");
        return listhead;
    }
    printf("请输入新插入结点的数据和位置:");
```

```
        scanf("%d,%d",&score,&n);
        k=1;
        listp=listhead;
        while(listp!=NULL && k<n-1)
        {    listp=listp->next;
             k=k+1;
        }
        if(k<n-1 || n<1)
             printf("插入结点的位置有误\n");
        else if(n==1)
             {    p=(struct list *)malloc(sizeof(struct list));
                  p->score=score;                    /* 为结点的score成员赋值 */
                  p->next=listhead;
                  listhead=p;
             }
        else
             {    p=(struct list *)malloc(sizeof(struct list));
                  p->score=score;                    /* 为结点的score成员赋值 */
                  p->next=listp->next;               /* 将p结点插入到p结点之后 */
                  listp->next=p;
             }
        return listhead;
}
struct list *delet(struct list *listhead)    /* 删除结点函数 */
{    struct list *p,*listp;
     int n,k;
     if(listhead==NULL)                             /* listhead为空链表时返回 */
     {    printf("空链表\n");
          return listhead;
     }
     printf("请输入删除结点的序号:");
     scanf("%d",&n);
     k=1;
     listp=listhead;
     while(listp!=NULL && k<n-1)
     {    listp=listp->next;
          k=k+1;
     }
     if(k<n-1 || n<1)
          printf("删除结点的序号无效\n");
     else if(n==1)
```

```
    {    p=listhead;                          /* p指向第1个结点头 */
         listhead=p->next;                    /* 删除p结点 */
         free(p);                             /* 释放p结点所占用的空间 */
    }
    else if(n>1 && k>=n-1)
    {    p=listp->next;
         listp->next=p->next;
         free(p);                             /* 释放p结点所占用的空间 */
         p=listhead;
    }
    return listhead;
}
struct list *Free_List(struct list *listhead)    /* 释放链表全部结点函数 */
{    struct list *p;
    p=listhead;
    while(p!=NULL)
    {    listhead=p->next;
         free(p);                             /* 释放p结点占用的空间 */
         p=listhead;
    }
    return p;
}
```

程序运行结果：

```
1：建立链表    2：插入结点    3：删除结点    4：输出结点    0：退出
请选择操作：1↙
请输入学生的成绩：98↙
请输入学生的成绩：77↙
请输入学生的成绩：85↙
请输入学生的成绩：-1↙
1：建立链表    2：插入结点    3：删除结点    4：输出结点    0：退出
请选择操作：3↙
请输入删除结点的序号：2↙
1：建立链表    2：插入结点    3：删除结点    4：输出结点    0：退出
请选择操作：2↙
请输入新插入结点的数据和位置：93,1↙
1：建立链表    2：插入结点    3：删除结点    4：输出结点    0：退出
请选择操作：4↙
93
98
85
```

8.3　共用体类型

8.3.1　共用体类型的定义

共用体也是一种构造数据类型，它是将不同类型的变量存放在同一内存区域内。共用体又称为联合体（union）。定义共用体类型的一般形式为：

```
union 共用体类型名
{    类型说明符1 成员1;
     类型说明符2 成员2;
     …
     类型说明符n 成员n;
};
```

例如：

```
union data
{    int i;
     char c;
     float f;
};
```

定义了一个名为data的共用体类型，它含有i、c、f这三个不同类型组成的成员。

8.3.2　共用体变量的定义

共用体变量的定义方式有三种形式。

（1）先定义共用体类型，再定义该类型的共用体变量
例如：

```
union data
{    int i;
     char c;
     float f;
};
union data a,b;
```

先定义共用体类型data，然后定义该类型的共用体变量a、b。
（2）在定义共用体类型的同时，定义该类型的共用体变量
例如：

```
union data
{    int i;
     char c;
     float f;
}a,b;
```

定义共用体类型data的同时，定义了该类型的共用体变量a、b。

（3）省略了共用体名，直接定义共用体变量

例如：

```
union
{   short int i;
    char c;
    float f;
}a,b;
```

省略共用体名，直接定义了共用体变量a、b。

8.3.3　共用体变量成员的引用

定义了共用体变量之后，就可以引用共用体变量的成员。引用的形式为：

```
共用体变量名.成员名
共用体变量名->成员名
```

第一种方式是在普通共用体变量情况下使用，第二种方式是在共用体指针变量情况下使用。

在使用共用体类型数据时，要注意以下几点：

① 共用体的所有成员共用一段内存单元，这一段内存单元内可以存放几种不同类型的成员，但在每一时刻只能存放其中的一种，而不是同时存放几种。也就是说，每一时刻只有一个成员起作用，其他的成员不起作用。例如，在上面定义了a为共用体变量，对a若执行以下赋值语句：

```
a.i=5;                       /* 给共用体变量a的成员i赋值 */
a.c='e';                     /* 给共用体变量a的成员c赋值 */
a.f=5.55;                    /* 给共用体变量a的成员f赋值 */
```

虽然先后给共用体变量a的三个成员都赋了值，但只有a.f=5.55;是有效的，而其他两个成员a.i和a.c的值都不再存在（因为最后的赋值语句将前面的共用体数据a.i和a.c覆盖了）。

② 由于共用体的所有成员共用一段内存单元，所以共用体变量的地址和它的各成员的地址都是同一地址。例如，&a、&a.i、&a.c、&a.f的值相同。

③ 在结构体中各成员有各自的内存单元，一个结构体变量的总长度是各成员长度之和；而在共用体中，各成员共享同一段内存单元，一个共用体变量的长度等于各成员中最长的长度。例如，上面定义的共用体变量a的成员有i（占用4个字节）、c（占用1个字节）、f（占用4个字节）。其中，最长的成员是i和f，则共用体变量a所占的内存单元是4个字节，而不是9（4+1+4）个字节。如图8-3所示。

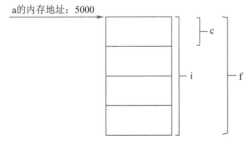

图 8-3　共用体变量 a 的内存单元分配示意图

④ 不能对共用体变量名赋值，也不能通过引用共用体变量名来得到成员的值，也不能在定义共用体变量时对它进行初始化。例如：

```
union data
{   int i;
    char c;
    float f;
}a={5,'e',5.55},b;              /* 不正确：不能在定义的同时，对共用体变量a初始化 */
a=6;                            /* 不正确：不能对共用体变量名a赋值 */
b=a;                            /* 不正确：不能引用共用体变量名以得到一个值 */
```

⑤ 不能将共用体变量作为一个参数或返回值在函数中传递。

【例8.9】分析以下程序的运行结果。

```
#include <stdio.h>
int main()
{   union untype
    {   short int i;
        float f;
        char c;
    }a;
    a.i=77;                              /* 给共用体变量a的成员i赋值 */
    a.f=5.55;                            /* 给共用体变量a的成员f赋值 */
    a.c='e';                             /* 给共用体变量a的成员c赋值 */
    printf("i=%d,f=%d,c=%d\n",sizeof(a.i),sizeof(a.f),sizeof(a.c));
    printf("max_sizeof(int(77),float(5.55),char(e))=%d\n",sizeof(a));
    return 0;
}
```

程序运行结果：

```
i=2,f=4,c=1
max_sizeof(int(77),float(5.55),char(e))=4
```

‖8.4　枚 举 类 型

8.4.1　枚举类型的定义

　　若一个变量只有几种可能的值（例如，一个星期只有7天，一年只有12个月等），则可使用枚举类型数据。枚举就是将变量可能的值一一列举出来，而变量的值只能取其中之一。

　　枚举类型定义的一般形式为：

enum 枚举类型名{枚举元素1,枚举元素2,…,枚举元素n};

　　枚举类型名的命名规则与C语言标识符的命名规则相同。枚举元素是用户自己定义的常量标识符，又称枚举常量。例如：

```
enum weekday{sun,mon,tue,wed,thu,fri,sat};
```

该枚举类型名为weekday，枚举元素共有七个，即一周中的七天。凡是被说明为weekday
类型变量的取值只能是七天中的某一天。

8.4.2　枚举变量的定义

枚举变量的定义有三种形式。

（1）先定义枚举类型，再定义该类型的枚举变量

例如：

```
enum weekday{sun,mon,tue,wed,thu,fri,sat};
enum weekday a,b;
```

先定义枚举类型weekday，然后定义该类型的枚举变量a、b。

（2）在定义枚举类型的同时，定义该类型的枚举变量

例如：

```
enum weekday{sun,mon,tue,wed,thu,fri,sat}a,b;
```

在定义枚举类型weekday的同时，定义了该类型的枚举变量a、b。

（3）省略枚举类型名，直接定义枚举变量

例如：

```
enum{sun,mon,tue,wed,thu,fri,sat}a,b;
```

省略枚举类型名，直接定义了枚举变量a、b。

8.4.3　枚举变量的赋值和使用

枚举变量的赋值和使用要注意以下几点：

① 每一个枚举元素都有值，值就是定义枚举类型时枚举元素出现的顺序号，依次为0、1、
2、…、n-1。例如，sun、mon、tue、wed、thu、fri、sat的值依次为0、1、2、3、4、5、6。如
对枚举变量a有以下语句：

```
a=wed;
printf("%d\n",a);
```

虽然为枚举变量a赋值枚举元素wed，但它的值并不是wed，而是数值3。

也可以在定义枚举类型时，直接给出枚举元素的值。例如：

```
enum weekday{sun=7,mon=1,tue,wed,thu,fri,sat};
```

定义了sun的值为7，mon的值为1，以后顺序加1，即tue为2，…，sat为6。

② 枚举元素是常量，而不是变量，除在定义枚举类型时可以给其赋初值以外，不能对其进
行赋值。例如，"sun=0; mon=1;"的赋值是错误的。

③ 只能把枚举元素赋给枚举变量，不能把枚举元素的值直接赋予枚举变量。例如：

```
a=sum;                      /* 正确：把枚举元素sum赋给枚举变量a */
a=0;                        /* 错误：把枚举元素的值0，直接赋予枚举变量a了 */
```

如果一定要把枚举元素的值赋予枚举变量，则必须用强制类型转换，如a=(enum

weekday)2；其意义是将顺序号为2的枚举元素赋予枚举变量a，相当于a=tue；。

④ 枚举值可以比较大小。例如：

```
if(workday==sun)
    printf("sun");
```

【例8.10】编写一个程序，根据一周中的星期几（整数值），输出其英文名称。

```
#include <stdio.h>
int main()
{   enum weekday{sun,mon,tue,wed,thu,fri,sat};       /* 定义枚举类型 */
    int day;
    for(day=sun;day<=sat;day++)
    {   switch(day)                                  /* 用switch语句来判断是星期几 */
        {   case sun: printf("0:Sunday "); break;
            case mon: printf("1:Monday "); break;
            case tue: printf("2:Tuesday "); break;
            case wed: printf("3:Wednesday "); break;
            case thu: printf("4:Thursday "); break;
            case fri: printf("5:Friday "); break;
            case sat: printf("6:Saturday\n");
            default: break;
        }
    }
    return 0;
}
```

程序运行结果：

```
0:Sunday 1:Monday 2:Tuesday 3:Wednesday 4:Thursday 5:Friday 6:Saturday
```

8.5 用 typedef 定义类型

● 视频

用typedef定义类型

在前面章节中，介绍了可以直接使用C语言提供的各种数据类型，以及用户自己定义的结构体、共用体、枚举类型等。除了这些数据类型之外，C语言还提供了用类型定义符typedef定义新的类型名来代替已有的类型名，即用户可以为数据类型自定义"别名"。

用typedef定义类型别名的一般形式为：

```
typedef 类型名 新类型名;
```

其中，"类型名"必须是系统提供的数据类型或用户已定义的数据类型，新类型名一般用大写表示，以便于与系统提供的标准类型标识符区别。例如：

```
typedef int INTEGER;              /* 定义INTEGER为int的类型的别名 */
```

将int用INTEGER代替，则INTEGER是int的别名。因此"INTEGER i；"等价于"int i；"。

```
typedef float REAL;               /* 定义REAL为float的类型的别名 */
```

将 float 用 REAL 代替，则 REAL 是 float 的别名。因此"REAL f；"等价于"float f；"。

```
typedef int NUM[20];            /* 定义NUM为包含20个元素的整型数组 */
NUM number;                     /* 定义NUM类型的变量number */
```

等价于 int number[20];。

【例 8.11】使用 typedef 定义类型，定义一个员工的结构体类型，然后定义一个 WORKER 类型的变量，该员工包括编号、姓名、性别、出生年月日和住址。使用 typedef 定义类型定义如下：

```
typedef struct                  /* 定义WORKER为结构体类型 */
{   char name[20];              /* 姓名 */
    int no;                     /* 编号 */
    enum{man,woman} sex;        /* 性别 */
    struct
    {   int year;               /* 年 */
        int month;              /* 月 */
        int day;                /* 日 */
    }BIRTHDAY;                  /* 出生日期 */
    char addr[50];              /* 住址 */
}WORKER;
WORKER w;                       /* 定义WORKER类型的变量w */
```

注意：利用 typedef 定义类型只是对已存在的类型增加了一个类型名，而没有定义新的类型。另外，有时也可用宏定义来代替 typedef 的功能，但是宏定义是由编译预处理完成的，而 typedef 则是在编译时完成的，后者更为灵活方便。

8.6 程序举例

视频
程序举例

【例 8.12】使用结构体编程，统计候选人得票数。假设有 M 个候选人，由 N 个选民参加投票选出一个代表。

```
#include <stdio.h>
#include <string.h>
#define M 3
#define N 5
struct person
{   char name[20];
    int count;
}leader[M]={"Li",0,"Wang",0,"Zhou",0};
int main()
{   int i,j;
    char select[20];
    for(i=0;i<N;i++)
    {   printf("%d please input your result:",i+1);
        scanf("%s",select);
        for(j=0;j<M;j++)
```

```
        {    if(strcmp(leader[j].name,select)==0)
                leader[j].count++;
        }
    }
    printf("the result:\n");
    for(j=0;j<M;j++)
        printf("%s\t%d\n",leader[j].name,leader[j].count);
    return 0;
}
```

程序运行结果：

```
1   please input your result:Li✓
2   please input your result:Li✓
3   please input your result:Zhou✓
4   please input your result:Li✓
5   please input your result:Zhou✓
the result:
Li      3
Wang    0
Zhou    2
```

【例 8.13】设有若干人员的数据信息，其中有学生和教师。学生数据信息有姓名、年龄、职业、班级；教师数据信息有姓名、年龄、职业、学院。编程输入人员的数据信息，再以表格的格式输出。

```
#include <stdio.h>
#define N 2
struct
{   int age;
    char name[20];
    char job;
    union
    {   char cla_name[20];
        char col_name[20];
    }depa;              /* 定义一个共用体变量depa，可根据需要选择存入班级或学院 */
}per[N];                /* 定义一个结构体数组，其中一个成员是共用体变量depa */
int main()
{   int i;
    for(i=0;i<N;i++)
    {   printf("Input name & age & job:");
        scanf("%s %d %c",per[i].name,&per[i].age,&per[i].job);
        if(per[i].job=='s')         /* 如果是学生，请输入班级 */
        {   printf("Input cla_name:");
            scanf("%s",per[i].depa.cla_name);
        }
```

```
              else if(per[i].job=='t')        /* 如果是教师, 请输入学院 */
                  {   printf("Input col_name:");
                      scanf("%s",per[i].depa.col_name);
                  }
                  else
                      printf("Input error!");
          }
      printf("\n");
      printf("Name\tAge\tJob\tClass/College\n");
      for(i=0;i<N;i++)
      {   if(per[i].job=='s')
              printf("%s\t%d\t%c\t%s\n",per[i].name,per[i].age,
                                per[i].job,per[i].depa.cla_name);
          else
              printf("%s\t%d\t%c\t%s\n",per[i].name,per[i].age,
                                    per[i].job,per[i].depa.col_name);
      }
      return 0;
}
```

程序运行结果:

```
Input name & age & job:李德华 55 t↙
Input col_name:化工学院↙
Input name & age & job:张三 19 s↙
Input cla_name:化工22-1班↙


Name    Age    Job    Class/College
李德华    55     t      化工学院
张三      19     s      化工22-1班
```

▌小　结

结构体类型和结构体变量是不同的概念, 定义结构体变量时应先定义结构体类型, 然后再定义变量属于该类型。定义了一个结构体类型后, 系统并没有为所定义的各成员项分配相应的内存空间。只有定义了一个结构体变量, 系统才为所定义的变量分配相应的内存空间。指向一个结构体类型的指针变量, 它只能指向结构体变量而不能指向它其中的一个成员。

结构体和共用体是两种构造类型数据, 是用户定义新类型的一种方法。它们都是由成员组成, 成员可以为不同的数据类型。这两种数据类型的本质区别是, 它们在内存中的存储形式不同, 结构体的各个成员都占有自己独立的内存空间, 它们是同时存在的, 而共用体成员共享同一内存空间, 所有成员不能同时占用它们的内存空间, 它们不能同时存在。所以结构体变量的长度等于所有成员长度之和, 而共用体变量的长度等于最长的成员的长度。

枚举类型是一种变量取值为有限个整数值构成的数据结构。枚举元素是常量，不是变量。枚举元素虽可由系统或用户定义一个顺序值，但枚举元素和整数并不相同，它们属于不同的类型。

链表是结构体类型的典型应用，它的每一个结点都是相同类型的结构体数据。链表的每个结点包括用于存储数据的数据域和用于存储下一个结点的地址的指针域。链表结构与数组结构不同，它在逻辑上是有序的，而在物理上（即内存的实际存储位置）则可能是无序的，而数组元素占用连续的存储单元，在物理上是有序的，在逻辑上也是有序的。

用 typedef 定义类型只能用于定义新的类型名，不能产生新的数据类型。

习　题

一、单选题

1. 下列描述正确的是（　　　）。

    A. typedef int INTEGER; INTEGER j,k;

    B. typedef int char; char j,k;

    C. typedef a[3] ARRAY; ARRAY b;

    D. 以上描述均不正确

2. 设有定义：struct st{int a;float b;}st1,*pst;，若有 pst=&st1;，则对 st 中的 a 域的正确引用是（　　　）。

    A. (*pst).st1.a   B. pst->st1.a;   C. (*pst).a   D. pst.st1.a

3. 已知下列定义，则 sizeof(st) 的值是（　　　）。

```
struct
{   int b;
    char c[10];
    double a;
}st;
```

    A. 8   B. 10   C. 22   D. 24

4. 设有定义：enum color{red=3,yellow,blue,white=4,black};，则枚举元素 yellow、blue、black 的值分别是（　　　）。

    A. 4 5 5   B. 4 5 6   C. 2 3 5   D. 0 1 5

5. 下面程序的输出结果是（　　　）。

```
#include <stdio.h>
int main()
{   struct stru
    {   int a;
        long b;
        char c[6];
    };
    printf("%d\n",sizeof(struct stru));
```

```
    return 0;
}
```

    A. 4   B. 6   C. 12   D. 16

6. 下面程序的输出结果是（　　）。

```
#include <stdio.h>
int main()
{   struct stru
    {   int a,b;
        char c[6];
    };
    printf("%d\n",sizeof(struct stru));
    return 0;
}
```

    A. 2   B. 4   C. 8   D. 16

7. 下面程序的输出结果是（　　）。

```
#include <stdio.h>
int main()
{   struct cmplx
    {   int x;
        int y;
    }cnum[2]={1,3,2,7};
    printf ("%d\n",cnum[0].y/cnum[0].x*cnum[1].x);
    return 0;
}
```

    A. 0   B. 1   C. 3   D. 6

二、填空题

1. 结构体变量的长度等于_____成员长度之和，而共用体变量的长度等于_____的成员的长度。

2. 结构体作为一种数据构造类型，必须经过_____、_____和_____的过程。

3. 设已定义 p 为指向某一结构体类型的指针，如引用其成员可以写成_____，也可以写成_____。

4. 下面程序的输出结果是_____。

```
#include <stdio.h>
struct sampl
{   char name[10];
    int number;
};
struct sampl test[3]={{"WangBing",10},{"LiYun",20},{"HuangHua",30}};
int main()
{   printf("%c%s\n",test[1].name[0],test[0].name+4);
```

```
        return 0;
    }
```

5. 下面程序完成链表的输出功能，请把程序补充完整。

```
void print(struct student *head)
{   struct student *p;
    p=head;
    if(_____)
        do
        {   printf("%d,%f\n",p->num,p->score);
            p=p->next;
        }while(_____);
    return 0;
}
```

三、编程题

1. 从键盘上顺序输入整数，直到输入的整数小于0时才停止输入，然后反序输出这些整数。

2. 定义一个结构体数组，存放12个月的信息，每个数组元素由三个成员组成：月份的数字表示、月份的英文单词及该月的天数。编写一个输出一年12个月信息的程序。

3. 设李明18岁、王华19岁、张平20岁，编程输出三人中最年轻的人的姓名和年龄。

第 9 章

文 件

　　在前面章节介绍的程序中，数据均是从键盘输入的，数据的输出均送到显示器显示。在实际应用中，仅用此种方式进行数据输入 / 输出是不够的，有时需要借助外部存储设备才能进行长期保存，而对于 C 语言来说，需要通过一些文件操作函数来完成程序和数据资源的保存。本章主要介绍顺序文件和随机文件的打开、关闭和读 / 写等操作。

9.1 文件的基本概念

　　所谓"文件"是指一组相关数据的有序集合。这个数据集有一个名称，称为文件名。文件通常存储在外部介质（如磁盘等）上，在使用时才调入到内存中来。

9.1.1 文件的分类

　　C 语言的文件从不同角度可以划分为不同种类。下面介绍几种对文件的分类方法。

1. 根据数据存储的形式

　　根据数据存储的形式，可以分为 ASCII 码文件和二进制文件。

　　ASCII 码文件也称为文本文件，这种文件在磁盘中存放时每个字符占一个字节。每个字节中存放相应字符的 ASCII 码。内存中的数据存储时需要转换为 ASCII 码。例如，C 语言中的源程序文件（扩展名为 .c 的文件）就是 ASCII 码文件。

　　二进制文件是按二进制的编码方式来存放文件的。例如，C 语言中的目标文件（扩展名为 .obj）和可执行文件（扩展名为 .exe）都是二进制文件。

2. 从用户的角度

　　从用户的角度，可以分为普通文件和设备文件。

　　普通文件是指存储在外部介质上的数据的集合，可以是程序设计时的源程序文件、目标文件、可执行文件，也可以是程序运行时输入 / 输出的数据文件，即把一些数据输出到外部介质上储存起来，以后需要时再从外部介质中输入到计算机内存。

　　设备文件是指与主机相连接的各种外围设备，如显示器、打印机、键盘等。通常把显示器定义为标准输出文件，键盘被指定为标准输入文件。

3. 根据文件的读 / 写方式

　　根据文件的读 / 写方式，可以分为顺序文件和随机文件。

顺序文件是指从头到尾按其先后顺序进行读/写的文件。顺序文件无法实现更新某个数据代码，通常只有重写该文件。

随机文件是指可以根据需要读/写文件中指定位置的数据。随机文件通常要求记录有固定长度，以便于直接访问文件中指定的记录信息，为此要提供文件的读/写指针的定位函数，才可实现随机读/写。

9.1.2　文件指针

文件指针用一个指针变量指向一个文件，这个指针称为文件指针。通过文件指针就可对它所指的文件进行各种操作。

定义文件指针的一般形式为：

```
FILE *指针变量标识符;
```

其中FILE应为大写，它实际上是由系统定义的一个结构，该结构中含有文件名、文件状态和文件当前位置等信息。例如：

```
FILE *fp;
```

表示fp是指向FILE结构的指针变量，通过fp即可找到存放某个文件信息的结构变量，然后按结构变量提供的信息找到该文件，实施对文件的操作。

▌9.2　文件的打开与关闭

C语言并不是直接通过文件名对文件进行操作，而是首先创建一个和文件关联的文件指针变量，然后通过文件指针变量操作文件。因此，文件在进行读/写操作之前首先要被打开，使用完要关闭。所谓打开文件，实际上是建立文件的各种相关信息，并使文件指针指向该文件，以便进行其他操作。关闭文件则是断开指针与文件之间的联系，也就是禁止再对文件进行操作。

在C语言中，文件操作都是由库函数来完成的。本节将介绍主要的文件操作函数。

9.2.1　文件的打开函数

函数调用的一般形式为：

```
fopen(文件名,使用文件方式);
```

其中"文件名"用于指定要打开的文件；"文件使用方式"指定使用文件的方式。函数的返回值为指向该文件的FILE类型结构体变量的首地址，打开文件失败时返回NULL。例如：

```
FILE *fp;
fp=fopen("a1","r");
```

表示在当前目录下打开名字为a1的文件，文件使用方式为"只读"，并使fp指向该文件。文件操作方式共有12种，表9-1给出了它们的符号和含义。

表 9-1　文件的读 / 写方式

文件使用方式	含　义
"r"	只读打开一个文本文件，只允许读数据
"w"	只写打开或建立一个文本文件，只允许写数据
"a"	追加打开一个文本文件，并在文件末尾写数据
"rb"	只读打开一个二进制文件，只允许读数据
"wb"	只写打开或建立一个二进制文件，只允许写数据
"ab"	追加打开一个二进制文件，并在文件末尾写数据
"r+"	读/写打开一个文本文件，允许读和写
"w+"	读/写打开或建立一个文本文件，允许读和写
"a+"	读/写打开一个文本文件，允许读，或在文件末追加数据
"rb+"	读/写打开一个二进制文件，允许读和写
"wb+"	读/写打开或建立一个二进制文件，允许读和写
"ab+"	读/写打开一个二进制文件，允许读，或在文件末尾写数据

说明：在打开一个文件出错时，fopen()函数返回NULL。因此，常用以下程序段方式打开一个文件：

```
if((fp=fopen("file_name","rb"))==NULL)
{   printf("Can not open file!");      /* 输出出错提示信息 */
    exit(0);                           /* 若文件打开失败，则退出程序 */
}
```

9.2.2　文件的关闭函数

函数调用的一般形式为：

```
fclose(文件指针);
```

例如：

```
fclose(fp);
```

功能是关闭 fp 所指向的文件。正常完成关闭文件操作时，fclose()函数返回值为 0；当文件关闭未成功时，返回值为 EOF(-1)。

【例9.1】以写方式打开一个名称为"test1.txt"的文本文件，再关闭文件。

```
#include <stdio.h>
#include <stdlib.h>                    /* exit()函数包含在该头文件中 */
int main()
{   FILE *fp;
    if((fp=fopen("test1.txt","w"))==NULL)
    {   printf("Can not open file!\n");
        exit(0);                       /* 若文件打开失败，则退出程序 */
    }
```

```
    fclose(fp);                                    /* 关闭文件 */
    return 0;
}
```

9.3 文件的读/写

● 视频

文件的读/写

9.3.1 文件的写函数

1. 字符写函数fputc()

函数调用的一般形式为：

```
fputc(字符量,文件指针);
```

功能是把一个字符写入指定文件的当前位置，然后将该文件的位置指示器移到下一个位置，其中，待写入的字符量可以是字符常量或字符变量。例如：

```
fputc('a',fp);
```

把字符a写入fp所指向文件的当前位置。

fputc()函数有返回值，若写操作成功，则函数返回向文件所写字符的值；否则返回EOF（–1），表示写操作失败。

注意：

① 用写或读/写方式打开一个已存在的文件时将清除原有的文件内容，写入字符从文件首开始。如需保留原有文件内容，希望写入的字符从文件末开始存放，必须以追加方式打开文件。被写入的文件若不存在，则创建该文件。

② 关于EOF的说明：EOF是在标准输入/输出头文件stdio.h中定义的一个宏（符号常量），与–1等价；对于任何一个文本文件，系统都会自动将–1设置为文件结束符。

【例9.2】输入五行字符，将其写入名称为"test2.txt"的文件中。

```
#include <stdio.h>
#include <stdlib.h>                    /* exit()函数包含在该头文件中 */
int main()
{   FILE *fp;
    char ch[80],*p=ch;
    int n;
    if((fp=fopen("test2.txt","w"))==NULL)
    {   printf("Can not open file!");
        exit(0);                       /* 若文件打开失败, 则退出程序 */
    }
    printf("Input 5 strings:\n");
    for(n=1;n<=5;n++)
    {   gets(p);                       /* 输入字符串 */
        while(*p!='\0')                /* 将字符串逐个写入文件 */
        {   fputc(*p,fp);
            p++;
```

```
    }
        fputc('\n',fp);                          /* 写入换行符 */
    }
    fclose(fp);                                   /* 关闭文件 */
    return 0;
}
```

2. 写字符串函数 fputs()

函数调用的一般形式为：

```
fputs(字符串,文件指针);
```

功能是向指定的文件写入一个字符串，其中字符串可以是字符串常量，也可以是字符数组名或指针变量。写操作成功，函数返回值为 0；写操作失败，返回 EOF（–1）。例如：

```
fputs("abcd",fp);
```

把字符串 "abcd" 写入 fp 所指的文件之中。

【例 9.3】使用函数 fputs() 改写例 9.2。

```
#include <stdio.h>
#include <stdlib.h>                              /* exit()函数包含在该头文件中 */
int main()
{   FILE *fp;
    char ch[80],*p=ch;
    int n;
    if((fp=fopen("test3.txt","w"))==NULL)
    {   printf("Can not open file!");
        exit(0);                                 /* 若文件打开失败,则退出程序 */
    }
    printf("Input 5 strings:\n");
    for(n=1;n<=5;n++)
    {   gets(p);                                 /* 输入字符串 */
        fputs(p,fp);                             /* 写入该字符串 */
        fputc('\n',fp);                          /* 写入换行符 */
    }
    fclose(fp);                                   /* 关闭文件 */
    return 0;
}
```

3. 格式化写函数 fprintf()

函数调用的一般形式为：

```
fprintf(文件指针,格式控制字符串,输出列表);
```

功能是把 "输出列表" 中各项数据，按 "格式控制字符串" 中指定的格式写入到 "文件指针" 所指向的文件中。函数调用成功后，返回值为实际写入文件的字节数，如果输出操作失败，则返回 EOF（–1）。

【例 9.4】从键盘上按指定格式输入两个数，将这两个数保存到文件中。

```
#include <stdio.h>
```

```
#include <stdlib.h>
int main()
{   FILE *fp;
    int x,y;
    printf("Input 2 numbers:");
    scanf("%d,%d",&x,&y);
    if((fp=fopen("file1.dat","w"))==NULL)
    {   printf("Can not open file!\n");
        exit(0);
    }
    else
        fprintf(fp,"%d %d",x,y);
    fclose(fp);
    return 0;
}
```

4. 写数据块函数 fwrite()

一般用来写二进制文件，函数调用的一般形式为：

```
fwrite(buffer,size,count,fp);
```

其中，buffer是一个指针，表示存放输出数据的首地址。size表示每次写一个数据块的字节数。count表示要写的数据块的个数。fp表示文件指针，随着所写字符的增加，文件位置指示器将自动下移。函数调用成功后返回实际写的数据的数据块个数，若遇文件结束或出错，则返回0。

【例9.5】从键盘输入五个整数，将其写入名为"file2.dat"的二进制数据文件中。

```
#include <stdio.h>
#include <stdlib.h>
int main()
{   FILE *fp;
    int i,a[5];
    printf("Input 5 numbers:");
    for(i=0;i<5;i++)
        scanf("%d",&a[i]);
    if((fp=fopen("file2.dat","wb"))==NULL)
    {   printf("Can not open file!\n");    /* 若文件打开失败,则退出程序 */
        exit(0);
    }
    fwrite(a,sizeof(int),5,fp);
    fclose(fp);              /* 关闭文件 */
    return 0;
}
```

9.3.2 文件的读函数

1. 字符读函数 fgetc()

函数调用的一般形式为：

```
字符变量=fgetc(文件指针);
```

功能是从指定的文件中读一个字符，并送入左边的变量中，并将文件的位置指示器移到下一个位置。如果遇到文件结束符，函数返回 EOF（-1）。

注意：在 fgetc() 函数调用中，读取的文件必须是以读或读/写方式打开的。

【例9.6】从文件"file3.c"中读入字符，并在屏幕上显示出来。

```c
#include <stdio.h>
#include <stdlib.h>
int main()
{   FILE *fp;
    char ch;
    if((fp=fopen("file3.c","rt"))==NULL)
    {   printf("Can not open file!\n");          /* 若文件打开失败，则退出程序 */
        exit(0);
    }
    ch=fgetc(fp);                                 /* 从文件读取一个字符 */
    while(ch!=EOF)                                /* 将文件中的字符在屏幕上显示出来 */
    {   putchar(ch);
        ch=fgetc(fp);
    }
    fclose(fp);
    return 0;
}
```

2. 字符串读函数 fgets()

函数调用的一般形式为：

```
fgets(字符数组名,n,fp);
```

功能是从 fp 指向的文件中读取 n-1 个字符，在读入的最后一个字符后加上字符串结束标志 '\0'，组成字符串存入字符数组指定的内存区。若读取字符成功，则返回字符数组的首地址，否则返回 NULL。

注意：用 fgets() 函数读取字符串时，遇到已读出 n-1 个字符、读取到换行符或读取到文件末尾中的任何一种时，该字符串将结束。

【例9.7】从"file4.c"文件中读入一个含10个字符的字符串，并在屏幕上输出。

```c
#include <stdio.h>
#include <stdlib.h>
int main()
{   FILE *fp;
    char str[11];
    if((fp=fopen("file4.c","rt"))==NULL)
    {   printf("Can not open file!\n");          /* 若文件打开失败，则退出程序 */
        exit(0);
    }
    fgets(str,11,fp);                            /* 从文件读取一个字符串 */
    printf("%s",str);                            /* 在屏幕上输出字符串 */
```

```
    fclose(fp);
    return 0;
}
```

3. 格式化读函数fscanf()

函数调用的一般形式为：

```
fscanf(文件指针,格式控制字符串,输入列表);
```

功能是从"文件指针"所指的文件中，按"格式控制字符串"中指定的格式，读取数据依次放入"输入列表"所列出的各项中。函数调用成功后，返回值为实际读取的数据的个数。如果读取操作失败或文件结束，则返回EOF（−1）。例如：

```
fscanf(fp,"%d %d",&x,&y);
```

如果文件中的内容是：15 55，则将15送给变量x，55送给变量y。

4. 数据块读函数fread()

一般用来读二进制文件，函数调用的一般形式为：

```
fread(buffer,size,count,fp);
```

功能是从文件fp当前位置指针处读取count个长度为size字节的数据块，存放到内存中buffer所指向的存储单元中，同时文件位置指针后移count×size字节。函数调用成功后返回实际读的数据块个数，若遇文件结束或出错，则返回0。

【例9.8】用fread函数读取例9.5的"file2.dat"文件中的数据。

```
#include <stdio.h>
#include <stdlib.h>
int main()
{   FILE *fp;
    int i,data[5];
    if((fp=fopen("file2.dat","rb"))==NULL)
    {   printf("Can not open file!");
        exit(0);
    }
    fread(data,4,5,fp);              /* 读5个数据，每个数据占4字节 */
    for(i=0;i<5;i++)
        printf("%d ",data[i]);
    printf("\n");
    fclose(fp);
    return 0;
}
```

▌9.4　文件的随机读/写

前面介绍的对文件的读/写方式都是顺序读/写，即读/写文件只能从头开始，顺序读/写各个数据。但在实际问题中常要求只读/写文件中某一指定的部分。为了解决这个问题，可移动文件内部的位置指针到需要读/写的位置，再进行读/写操作，这种读/写称为随机读/写。实现随机读/写的关键是按要求移动位置指针，这称为文件的定位。文件内部位置指针移动函数主要有rewind()函数和fseek()函数。

视 频
文件的随机
读/写

1. rewind()函数

函数调用的一般形式为：

```
rewind(文件指针);
```

功能是把文件内部的位置指针重新移到文件开头处，该函数没有返回值。

【例9.9】现有例9.2形成的文件test2.txt"，首先将它的内容显示在屏幕上，再将它复制到另一个文件"test4.txt"中。

```
#include <stdio.h>
int main()
{   FILE *pin,*pout;
    pin=fopen("test2.txt","r");      /* 以只读方式打开文件 */
    pout=fopen("test4.txt","w");     /* 以写方式打开文件 */
    while(!feof(pin))                /* 在屏幕上显示test2.txt文件的内容 */
        putchar(getc(pin));
    rewind(pin);                     /* 重置文件位置指针至文件开头 */
    while(!feof(pin))                /* 输出字符到文件test4.txt */
        putc(getc(pin),pout);
    fclose(pin);
    fclose(pout);
    return 0;
}
```

2. fseek()函数

fseek函数是随机定位函数，对随机文件读写时要用本函数来定位读写位置。

函数调用的一般形式为：

```
fseek(文件指针,位移量,起始点);
```

功能是用来移动文件内部位置指针。其中，"文件指针"指向被移动的文件。"位移量"表示以"起始点"为基点的移动字节数，要求是长整型数据。向前移动是指向文件开头移动，用负整数表示；向后移动是指向文件末尾移动，用正整数表示。"起始点"表示从何处开始计算位移量，规定的起始点有三种：文件首、当前位置和文件尾。其表示方法如表9-2所示。

表9-2 文件指针的位置表示

起 始 点	表 示 符 号	数 字 表 示
文件首	SEEK—SET	0
当前位置	SEEK—CUR	1
文件末尾	SEEK—END	2

fseek()函数一般用于二进制文件，在使用fseek()函数后将清除文件结束标志。若设置成功则fseek返回0，否则返回非零值。例如：

```
fseek(fp,100L,0);          /* 将位置指针移动到离文件头100字节处 */
fseek(fp,50L,1);           /* 将位置指针移动到当前位置后面50字节处 */
fseek(fp,-10L,2);          /* 将位置指针从文件末尾处向后退10字节 */
```

【例9.10】在二进制文件"file_int.txt"中连续储存了10个整数，要求在屏幕上显示第1、第3、第5、第7、第9个数据。

```
#include <stdio.h>
#include <stdlib.h>
int main()
{   FILE *fp;
    int x,i;
    if((fp=fopen("file_int.dat","rb"))==NULL)  /* 以只读方式打开二进制文件 */
    {   printf("Can not open file!\n");
        exit(0);
    }
    for(i=0;i<10;i=i+2)
    {   fseek(fp,(long)(i*sizeof(int)),0);  /* 文件位置指针从当前位置后移 */
        fread(&x,sizeof(int),1,fp);         /* 从文件中读取一个整数赋给x */
        printf("Number %d:%d\n",i+1,x);
    }
    fclose(fp);
    return 0;
}
```

▎9.5 文件检测函数

• 视频

文件检测
函数

使用上面介绍的函数对文件进行读/写操作时难免会发生错误，但大多数函数并不具有明确的出错信息。例如，fputc()函数返回EOF时，可能是因为文件结束，也可能是因为调用函数失败出错。为了明确地检查出现的错误和文件是否结束，C语言中提供了文件检测函数。

1. 文件结束检测函数feof()

函数调用的一般形式为：

feof(文件指针);

功能是判断文件是否处于文件结束位置，如文件结束，则返回值为1，否则为0。

2. 读/写文件出错检测函数ferror()

函数调用的一般形式为：

ferror(文件指针);

功能是检查文件在用各种输入/输出函数进行读/写时是否出错。ferror()返回值为0表示未出错，否则表示有错。

3. 文件出错标志和文件结束标志清除函数clearerr()

函数调用的一般形式为：

```
clearerr(文件指针);
```

功能是用于清除出错标志和文件结束标志，使它们为 0 值。

视 频

程序举例

9.6　程序举例

【例 9.11】编写一个程序实现输入一个字符串，将该字符串写入文件中，然后统计字符串中有多少个空格。

```
#include <stdio.h>
#include <stdlib.h>
int main()
{   FILE *fp;                            /* 定义一个文件指针变量fp */
    char ch;
    int count=0;
    if((fp=fopen("testfile.txt","w"))==NULL)
    {   printf("Can not open file!\n");
        exit(0);
    }
    printf("Please enter string:");
    while((ch=getchar())!='\n')          /* 此循环用于将字符串写入文件 */
        fputc(ch,fp);
    fclose(fp);
    if((fp=fopen("testfile.txt","r"))==NULL)
    {   printf("Can not open file!\n");
        exit(0);
    }
    while((ch=fgetc(fp))!=EOF)           /* 此循环用于统计字符串中的空格数 */
    {   if(ch==32)
            count++;
    }
    fclose(fp);
    printf("There are %d spaces.\n",count);
    return 0;
}
```

程序运行结果：

```
Please enter string:abc✓
There are 0 spaces.

Please enter string:This is my first program✓
There are 4 spaces.
```

【例 9.12】从键盘上输入一些字符值，将它们写入磁盘文件，当输入 "#" 时结束。

```
#include <stdio.h>
#include <stdlib.h>
```

```
int main()
{    FILE *fp;                              /* 定义一个文件指针变量fp */
     char ch,fname[10],err_flag=0;          /* err_flag为读/写文件出错标志 */
     printf("input a file_name:");
     scanf("%s",fname);
     if((fp=fopen(fname,"w"))==NULL)
     {    printf("Can not open file!\n");
          exit(0);
     }
     while((ch=getchar())!='#')
     {    fputc(ch,fp);                      /* 写入文件 */
          if(ferror(fp))                     /* 测试读/写文件是否有错 */
          {    err_flag=1;                    /* 错误处理 */
               break;
          }
     }
     if(err_flag)
          printf("write disk err!\n");       /* 提示读/写错误 */
     else
          printf("ok!\n");                    /* 提示读/写正确 */
     fclose(fp);
     return 0;
}
```

程序运行结果：

```
input a file_name:file5.c↙
C program#↙
ok!
```

‖ 小　　结

一般来说，文件是指记录在外部介质上的一组相关数据的集合，从广义来讲，所有的输入/输出设备都是文件。C语言对文件的操作一般包括文件的打开与关闭、定位、文件的读/写及文件操作出错的检测。操作的顺序是先打开文件，然后对文件进行相关的操作，最后关闭文件。

文件操作是由函数实现的。本章介绍了常用的字符读/写（fgetc和fputc）、字符串读/写（fgets和fputs）、数据块读/写（fread和fwrite），格式化数据读/写（fscanf和fprintf），对文件的定位（fseek和rewind）和对文件操作的检测（ferror、clearerr和feof）等函数。

‖ 习　　题

一、单选题

1. 若执行fopen()函数时发生错误，则函数的返回值是（　　　）。
   A. 地址值　　　　　　B. 0　　　　　　　　C. 1　　　　　　　　D. EOF

2. 当顺利执行了文件关闭操作时，fclose()函数的返回值是（　　　）。

    A. -1   B. true   C. 0   D. 1

3. 若要用 fopen()函数打开一个新的二进制文件，该文件要既能读也能写，则文件打开时的方式字符串应是（　　　）。

    A. "ab+"   B. "wb+"   C. "rb+"   D. "ab"

4. fgetc()函数的作用是从指定文件读入一个字符，该文件的打开方式必须是（　　　）。

    A. 只写   B. 追加   C. 读或读/写   D. 答案B和C都正确

5. 若调用 fputc()函数输出字符成功，则其返回值是（　　　）。

    A. EOF   B. 1   C. 0   D. 输出的字符

二、填空题

1. 在C语言程序中，文件可以用_____方式存取，也可以用_____方式存取。

2. 在C语言程序中，数据可以用_____和_____两种代码形式存放。

3. 在C语言中，能实现改变文件的位置指针的函数是_____函数。

4. 下面程序用变量count统计文件中字符的个数，在空白处填入适当内容。

```
#include <stdio.h>
int main()
{   FILE *fp;
    long count=0;
    if((fp=fopen("letter.dat","_____"))==NULL)
    {   printf("Can not open file!\n");
        exit(0);
    }
    while(!feof(fp))
    {   _____;
        _____;
    }
    printf("count=%ld\n",count);
    fclose(fp);
    return 0;
}
```

5. 下面程序由键盘输入字符存放到文件中，输入"!"时结束。在空白处填入适当内容。

```
#include <stdio.h>
#include <stdlib.h>
int main()
{   FILE *fp;
    char ch,fname[10];
    printf("input name of file:");
    gets(fname);
    if((fp=fopen(fname,"w"))==NULL)
    {   printf("Can not open file!\n");
        exit(0);
```

```
    }
    printf("input data:");
    while((_____)!='!')
        fputc(_____);
    fclose(fp);
    return 0;
}
```

三、编程题

1. 编写一个程序，使用 fputs() 函数，将 5 个字符串写入文件中。

2. 新建一个文本文件，将整型数组中的所有数组元素写入文件中。

3. 设文件 file.dat 中存放了一组整数，编程统计并输出文件中正整数、零和负整数的个数。

第10章

位 运 算

由于 C 语言是介于高级语言和汇编语言之间的一种计算机语言，它可用于开发系统软件，并且可以直接对地址进行运算，因此，C 语言提供了位运算的功能。

▌10.1 位运算符和位运算

10.1.1 位运算符

位运算符的作用是对其操作数按二进制形式逐位地进行逻辑运算或移位运算。有以下六种位运算符，如表 10-1 所示。

视 频

位运算符
和位运算

表 10-1 位运算符

位运算符	含 义	位运算符	含 义
&	按位与	～	按位取反
|	按位或	<<	左移
^	按位异或	>>	右移

位运算符还可以与赋值运算符结合，进行位运算赋值操作，有以下几种：

位与赋值（&=）、位或赋值（|=）、位异或赋值（^=）、左移赋值（<<=）、右移赋值（>>=）

说明：

① 除了按位取反运算符 "～" 是单目运算符以外，其他的运算符都是双目运算符。

② 位运算符的操作数只能是整型或字符型的数据，不能为实型数据。

10.1.2 位运算符的运算作用

1. 按位与运算

按位与运算符 "&" 的作用是参与运算的两个运算量，如果两个相应位都为 1，则该位结果为 1，否则为 0。即：0&0=0; 0&1=0; 1&0=0; 1&1=1。

例如，表达式 9&5 的运算如下：

```
  00001001      （9的二进制）
& 00000101      （5的二进制）
─────────────
  00000001      （1的二进制）
```

按位与运算具有以下特征：

① 任何位上的二进制数只要和0进行与运算，该位即被屏蔽（清零）。

② 任何位上的二进制数只要和1进行与运算，该位保留原值不变。

利用这一特征可以实现如下操作：

① 清零。要使一个单元清零，也就是使其全部二进制位为0，只需与0进行与运算即可。

例如，表达式10&0的运算如下：

```
   00001010      （10的二进制）
 & 00000000      （0的二进制）
   00000000      （0的二进制）
```

② 取一个数中某些指定位，要想将哪一位留下来，就与一个数进行&运算，此数在该位取1，其余位为0。

【例10.1】设a=10101110，取a的第2、4、6位。

```
   10101110      （174的二进制）
 & 00101010      （42的二进制）
   00101010      （42的二进制）
```

```c
#include <stdio.h>
int main()
{    int a=174,b=42,c;
     c=a&b;                              /* 对a,b按位与运算 */
     printf("a=%d, b=%d: a&b=%d\n",a,b,c);
     return 0;
}
```

程序运行结果：

```
a=174, b=42: a&b=42
```

2. 按位或运算

按位或运算符"|"的作用是参与运算的两个运算量，如果两个相应位中有为1的位，则该位结果值为1，否则为0。即：0|0=0; 0|1=1; 1|0=1; 1|1=1。

例如：表达式9|5的运算如下：

```
   00001001      （9的二进制）
 | 00000101      （5的二进制）
   00001101      （13的二进制）
```

按位或运算常用来对一个数据的某些位值1。例如，对应于a要定值为1的位，b对应的位为1，其余位为0。则a与b进行位或运算就可以使a中指定位置为1。

例如，a=01100000，要使a的后4位置1，则可设置b后4位为1，其余位为0，即b=00001111。

```
   01100000
 | 00001111
   01101111
```

3. 按位异或运算

按位异或运算符"^"的作用是参与运算的两个运算量，如果两个相应位为"异"（值不同），则该位结果值为1，否则为0。即：0^0=0; 0^1=1; 1^0=1; 1^1=0。

例如：表达式26^108的运算如下：

```
      00011010      （26的二进制）
^     01101100      （108的二进制）
────────────
      01110110      （118的二进制）
```

按位异或运算的特殊用途主要有以下两种：

① 使特定位翻转。

【例10.2】设a=174，使其后4位翻转。

```
      10101110      （174的二进制）
^     00001111      （15的二进制）
────────────
      10100001      （161的二进制）
```

```c
#include <stdio.h>
int main()
{   int a=174,b=15,c;
    c=a^b;
    printf("a=%d, b=%d: a^b=%d\n",a,b,c);
    return 0;
}
```

程序运行结果：

```
a=174, b=15: a^b=161
```

② 与0按位异或运算，保留原值。

【例10.3】a=10的二进制为00001010，保留a的值。

```
      00001010      （10的二进制）
^     00000000      （0的二进制）
────────────
      00001010      （10的二进制）
```

```c
#include <stdio.h>
int main()
{   int a=10,b=0,c;
    c=a^b;
    printf("a=%d, b=%d: c=%d\n",a,b,c);
    return 0;
}
```

程序运行结果：

```
a=10, b=0: c=10
```

4. 按位求反运算

按位求反运算符"～"的作用是对参与运算的数的各二进制位进行"取反"运算。即～0=1；～1=0。

$$\frac{\sim 01010001}{10101110} \quad （26的二进制）$$
（−27的二进制）

"～"运算符的优先级比算术运算符、关系运算符、逻辑运算符和其他运算符都高。例如，～a&b，先进行～a运算，然后进行&运算。

取反运算的特殊用途：结合其它运算符达到一些特殊的效果。例如，使一个数a的最低位为零，可以表示成a&～1，因为～1=11111110。

5. 左移运算

左移运算符"<<"的作用是把"<<"左边运算数的各二进位全部左移若干位，由"<<"右边的数指定移动的位数，高位左移后溢出，舍弃不起作用，低位补0。

例如，a<<4，指把a的各二进位向左移动4位。

再如，a=00000011（十进制3），左移4位后为00110000（十进制48）。

左移运算的特殊用途：左移一位相当于该数乘以2，左移两位相当于该数乘以2^2=4，左移n位相当于该数乘以2^n。上面举的例子3<<4=48，即3乘了2^4=16。

6. 右移运算

右移运算符">>"的作用是将一个数的各二进位全部右移若干位，正数左补0，右舍弃；负数左补1，右舍弃。

例如，a=15，a>>2表示把000001111右移为00000011（十进制3）。

右移运算的特殊用途：右移1位相当于该数除以2，右移2位相当于该数除以2^2，右移n位相当于该数除以2^n。

7. 不同长度的数据进行位运算

位运算的运算数可以是整型和字符型数据。如果两个运算数类型不同时位数也会不同。遇到这种情况，系统将自动进行如下处理：

① 先将两个运算数右端对齐。

② 再将位数短的一个运算数往高位补充，即无符号数和正整数左侧用0补全；负数左侧用1补全；然后对位数相等的这两个运算数，按位进行位运算。

【例10.4】分析下面程序的运行结果。

```c
#include <stdio.h>
int main()
{    char a='a',b='b';
     int p,c,d;
     p=a;
     p=(p<<8)|b;           /* p按位左移8位后和b按位或运算，并把结果赋给p */
     d=p&0xff;             /* p和0xff按位与运算，并把结果赋给d */
     c=(p&0xff00)>>8;      /* p和0xff00按位与运算后按位右移8位，并把结果赋给c */
     printf("a=%d,b=%d,c=%d,d=%d\n",a,b,c,d);
     return 0;
}
```

程序运行结果：

```
a=97,b=98,c=97,d=98
```

┃10.2 位段结构

10.2.1 位段的概念

视频●

位段结构

有些信息在存储时，并不需要占用一个完整的字节，而只需占几个或一个二进制位。例如，在存放一个开关量时，只有0和1两种状态，用一位二进制位即可。为了节省存储空间，并使处理简便，C语言又提供了一种数据结构，称为"位域"或"位段"。所谓"位段"是把一个字节中的二进位划分为几个不同的区域，并说明每个区域的位数。每个域有一个域名，允许在程序中按域名进行操作。这样就可以把几个不同的对象用一个字节的二进制位域来表示。

10.2.2 位段结构的定义和使用

1. 位段结构的定义和位段变量的说明

C语言中没有专门的位段类型，位段的定义要借助于结构体，即以二进制位为单位定义结构体成员所占存储空间，从而就可以按"位"来访问结构体中的成员。

定义位段结构的一般形式为：

```
struct 位段结构名
{
    类型说明符 位段名:位段长度;
};
```

位段变量的说明与结构变量说明的方式相同。可采用先定义后说明、同时定义说明或者直接说明三种方式。例如，下面方式为同时定义说明：

```
struct bs
{   unsigned int a:1;        /* a占1个二进制位 */
    unsigned int b:2;        /* b占2个二进制位 */
    unsigned int c:6;        /* c占6个二进制位 */
}data;
```

定义一个位段结构类型bs的同时，定义了bs类型的位段变量data。bs中定义的3个位段分别占1个二进制位，2个二进制位和6个二进制位。

2. 位段的引用和赋值

与结构体成员的引用相同，其一般形式为：

```
位段变量名.位域名
```

例如，对于上述位段变量data，data.a、data.b、data.c分别表示引用变量data中的位段a、b、c。

允许对位段赋值，例如：

```
data.a=1; data.b=2; data.c=63;
```

但是，赋值时应注意位段的取值范围，例如，data.a占1位最大值为1，如果赋值2就会产生溢出，从而使data.a只取2的二进制数的最低1位，即（0）。

关于使用位段的注意事项：

① 位段成员的类型必须是unsigned或int类型。

② 每个位段的长度不能大于存储单元的长度，不能定义位段数组，也不能用指针指向位段和对位段求地址。

③ 位段不能跨越两个字。

④ 在位段结构类型中，可以说明无名位段，这种无名位段具有位段之间的分隔作用。例如：

```
struct bs
{    int x:1;
     int :2;
     int y:3;
};
```

其中第2个位段是无名位段，占2位，在位段x和y之间起分隔作用。无名位段所占用的空间不起作用。如果无名位段的长度为0，则表示下一个位段从一个新的字节开始存放。

⑤ 位段成员可以在数值表达式中被引用，系统自动将其转换为相应的整数。例如，

```
data.a+8/data.b
```

【例10.5】位段使用示例。

```
#include <stdio.h>
int main()
{    struct bs                              /* 定义位段结构体类型bs */
     {    unsigned a:2;
          unsigned b:6;
          int i;
     };
     struct bs data;                        /* 定义bs类型的变量data */
     data.a=1;                              /* 对位段a赋值 */
     data.b=7;                              /* 对位段b赋值 */
     data.i=1000;                           /* 对位段i赋值 */
     printf("data.a=%d,data.b=%d,data.i=%d\n",data.a,data.b,data.i);
     return 0;
}
```

程序运行结果：

```
data.a=1,data.b=7,data.i=1000
```

▎10.3 程序举例

• 视频

程序举例

【例10.6】编写一个程序，将一个无符号整型变量的前8位和后8位交换。

分析： 首先将d右移8位得到高8位数，把结果存入中间变量a中。再将d与八进制数0377（高8位全为0，低8位全为1）进行按位与，将低8位数左移8位放到高端，把结果存入中间变量b中。最后将a和b进行按位或得到最后结果。程序如下：

```
#include <stdio.h>
```

```
unsigned int swap(unsigned int d)
{   unsigned int a,b,c;          /* 定义无符号整型变量a、b、c */
    a=d>>8;                      /* 将d右移8位，并把结果赋给a */
    b=(d&0377)<<8;               /* 将d和0377 按位与运算后再左移8位，并把结果赋给b */
    c=a|b;                       /* 将a和b按位或运算，并把结果赋给c */
    return(c);                   /* 返回c的值 */
}
int main()
{   unsigned int d;
    d=0x6271;
    printf("%x\n",swap(d));
    return 0;
}
```

程序运行结果：

7162

【例10.7】分析下面程序的运行结果。

```
#include <stdio.h>
int main()
{   char a=9,b=9,c=9,d=9,e=9;
    a<<=1;                               /* 等价于a=a<<1 */
    b>>=1;                               /* 等价于b=b>>1 */
    c&=5;                                /* 等价于c=c&5 */
    d|=5;                                /* 等价于d=d|5 */
    e^=5;                                /* 等价于e=e^5 */
    printf("%d  %d  %d  %d  %d\n",a,b,c,d,e);
    return 0;
}
```

程序运行结果：

18 4 1 13 12

小 结

位运算是 C 语言的一种特殊运算功能，它是以二进制位为单位进行运算的。利用位运算可以完成汇编语言的某些功能，如置位、位清零、移位等，还可进行数据的压缩存储和并行运算。位段在本质上也是结构体类型，不过它的成员按二进制位分配内存，其定义、说明及使用的方法都与结构类型相同。

习 题

一、单选题

1. 在位运算中，操作数每左移一位，其结果相当于（   ）。

A. 操作数乘以2　B. 操作数除以2　　C. 操作数除以4　　D. 操作数乘以4

2. 下面运算符中优先级最低的是（　　）。

　　A. &　　　　　　B. !　　　　　　C. /　　　　　　D. *

3. 若x=2、y=3，则x&y的结果是（　　）。

　　A. 0　　　　　　B. 2　　　　　　C. 3　　　　　　D. 5

4. 交换两个变量的值，不允许用临时变量，应该使用（　　）位运算符。

　　A. ~　　　　　　B. &　　　　　　C. ^　　　　　　D. |

5. 下面程序的输出结果是（　　）。

```
#include <stdio.h>
int main()
{    char x=040;
     printf("%d\n",x=x<<1);
     return 0;
}
```

　　A. 100　　　　　B. 160　　　　　C. 120　　　　　D. 64

二、填空题

1. 在二进制中，表示数值的方法有_____、_____、_____。

2. 对一个数进行左移操作相当于对该数_____。

3. 对一个数进行右移操作相当于对该数_____。

4. 若a为任意整数，能将变量a清零的表达式是_____。

5. 与表达式x^=y-2等价的另一书写形式是_____。

三、编程题

1. 编写程序，将整型变量a进行右循环移4位，即将原来右端4位移到最左端4位，并输出移位后的结果。

2. 编写程序，将整型变量a的高8位与低8位进行交换，并输出移位后的结果。

附录 A
部分字符的 ASCII 码对照表

字　符	ASCII码	字　符	ASCII码	字　符	ASCII码	字　符	ASCII码
空格	032	8	056	P	080	h	104
!	033	9	057	Q	081	i	105
"	034	:	058	R	082	j	106
#	035	;	059	S	083	k	107
$	036	<	060	T	084	l	108
%	037	=	061	U	085	m	109
&	038	>	062	V	086	n	110
'	039	?	063	W	087	o	111
(	040	@	064	X	088	p	112
)	041	A	065	Y	089	q	113
*	042	B	066	Z	090	r	114
+	043	C	067	[	091	s	115
,	044	D	068	\	092	t	116
-	045	E	069	]	093	u	117
.	046	F	070	^	094	v	118
/	047	G	071	_	095	w	119
0	048	H	072	`	096	x	120
1	049	I	073	a	097	y	121
2	050	J	074	b	098	z	122
3	051	K	075	c	099	{	123
4	052	L	076	d	100	|	124
5	053	M	077	e	101	}	125
6	054	N	078	f	102	~	126
7	055	O	079	g	103	DEL	127

附录 B
C 语言常用数学库函数

　　不同的 C 语言编译系统所提供的库函数的数目和函数名及函数功能并不完全相同。本附录列出了常用的部分数学函数。

函数名	用　　法	功　　能	使用的头文件
abs	求整数的绝对值	int abs(int i);	stdlib.h 或 math.h
acos	反余弦函数	double acos(double x);	math.h
asin	反正弦函数	double asin(doublex);	math.h
atan	反正切函数	double atan(doublex);	math.h
atan2	计算 y/x 的反正切值	double atan2(double y,double x);	math.h
cabs	计算复数的绝对值	double cabs(structcomplexz);	stdlib.h
cos	余弦函数	double cos(double x);	math.h
cosh	双曲余弦函数	double cosh(double x);	math.h
div	整数相除，返回商和余数	div_t div(int number,int denom);	stdlib.h
exp	指数函数	double exp(double x);	math.h
fabs	返回浮点数的绝对值	double fabs(double x);	math.h
fmod	求模，即 x/y 的余数	double fmod(double x,double y);	math.h
log	求对数 $\ln(x)$	double log(double x);	math.h
log10	求对数 $\lg(x)$	double log10(double x);	math.h
pow	指数函数（x 的 y 次方）	double pow(double x,double y);	math.h
sin	正弦函数	double sin(double x);	math.h
sinh	双曲正弦函数	double sinh(double x);	math.h
sqrt	计算平方根	double sqrt(double x);	math.h
tan	正切函数	double tan (double x);	math.h
tanh	双曲正切函数	double tanh (double x);	math.h

参 考 文 献

[1] 恰汗·合孜尔. 实用计算机数值计算方法及程序设计：C语言版 [M]. 北京：清华大学出版社，2008.

[2] 韦娜，王俊，袁玲，等. C语言程序设计 [M]. 2版. 北京：清华大学出版社，2019.

[3] 占跃华，符传谊，毕传林. C语言程序设计 [M]. 3版. 北京：北京邮电大学出版社，2019.

[4] 占跃华，符传谊，毕传林. C语言程序设计实训教程 [M]. 3版. 北京：北京邮电大学出版社. 2019.

[5] 赵春晓，王丽君. C语言程序设计基础 [M]. 北京：清华大学出版社，2017.

[6] 郭伟青，赵建锋，何朝阳. C程序设计 [M]. 北京：清华大学出版社，2007.

[7] 张磊. C语言程序设计 [M]. 4版. 北京：清华大学出版社，2018.

[8] 金龙海，李聪. C语言程序设计 [M]. 北京：科学出版社，2012.

[9] 谭浩强. C程序设计 [M]. 5版. 北京：清华大学出版社，2017.

[10] 刘克成，张凌晓. C语言程序设计 [M]. 2版. 北京：中国铁道出版社，2012.